日本の秘密兵器
海軍篇

小橋 良夫

学研M文庫

局地戦闘機〈秋水〉

特殊攻撃機〈桜花〉

特殊攻撃機〈橘花〉

戦艦〈大和〉

17試艦上戦闘機〈烈風〉

特二式内火艇（カミ車）

局地戦闘機〈震電〉

17試陸上攻撃機

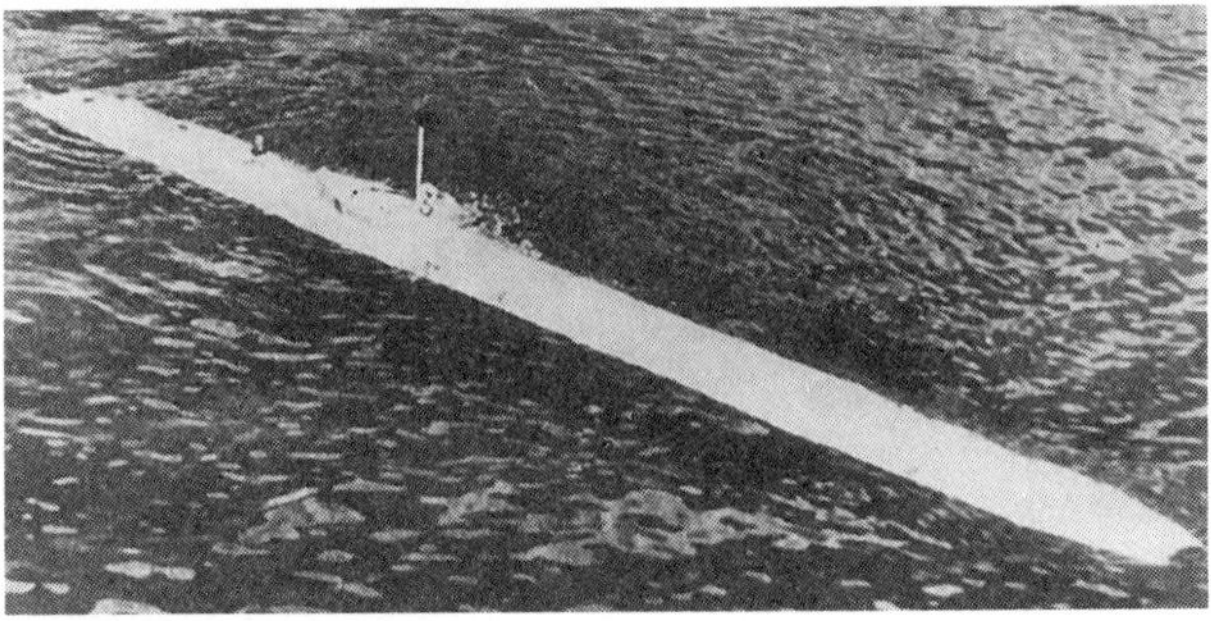
人間魚雷〈回天〉

日本海軍の〈甲標的〉と45㎝〈97式魚雷〉

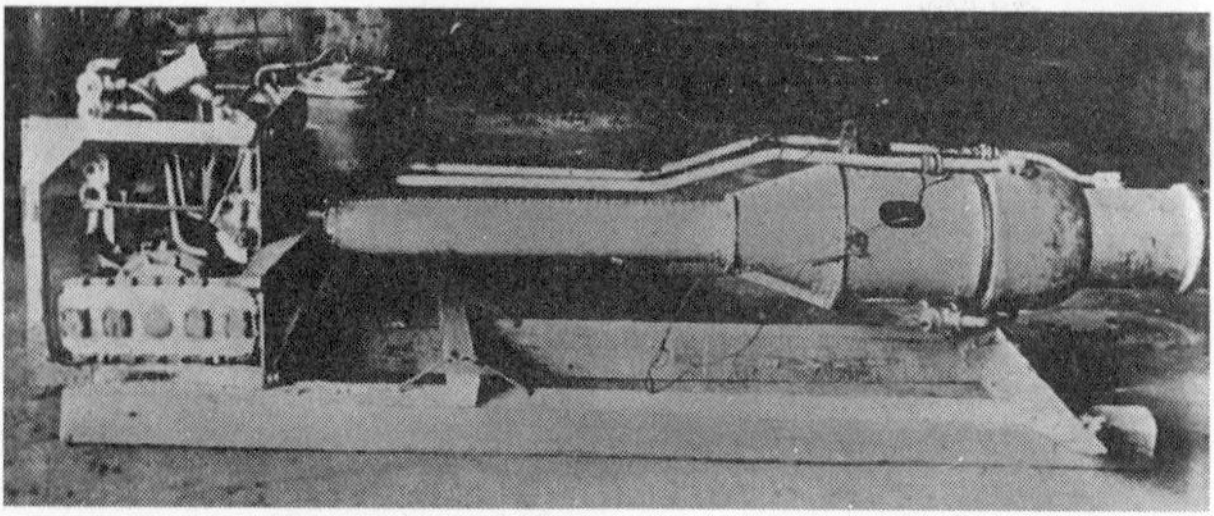

〈秋水〉の特ロ2号ロケット原動機

駆逐艦〈秋月〉

ルンガ沖海戦で付近の砂浜に乗り上げた日本軍酸素魚雷

目次

日本の秘密兵器　海軍篇

●名機と謳われたその神話と葬送曲　零戦……24

初陣は十二試艦上戦闘機で中国上空へ
試作機の計画は3年前から
実用実験中ながら実戦部隊の要望で第一線へ
〈零式艦上戦闘機11型〉として戦場デビュー
初出撃で圧勝を飾った重慶上空戦
長距離性能をフルに発揮した中国上空戦
アメリカ当局も〈零戦〉の出現を甘く見ていた
太平洋戦争でも〈零戦〉は作戦成功に導く
敵軍に〈零戦〉の正体はなかなか暴かれなかった
米軍、完全な不時着〈零戦〉を発見して復元
〈零戦〉の性能入手による米軍の驚き

驚異的な性能に「〈零戦〉とは決して戦うな」の指令
米軍の反撃機の開発
〈零戦〉は次々と米軍側に入手された
神話化された〈零戦〉爆音の葬送曲

●真珠湾の波間に消えた海軍の先鋒
甲標的（特殊潜航艇）……………………56

〈甲標的〉は極秘兵器として呉海軍工廠に誕生した
電池潜水艦の速力は世界記録を保持
大戦直前に〝真珠湾特別攻撃隊〟が編成された
五隻の特殊潜航艇は真珠湾へ出撃
真珠湾の十二月六日の夜
「特潜出動！」命令で次々に潜航前進
搭乗員は日本刀を携えての出撃
二十年後に海底の特潜一隻を発見

戦後日本に帰ってきた特殊潜航艇
真珠湾奇襲その日の特潜五隻の行動とは

海軍ストーリー　夜間戦闘機〈月光〉、B-29を撃墜……81
海軍ストーリー　夜間戦闘機〈月光〉と斜め銃……82

●日本海軍の長い槍　九三式酸素魚雷……84
日本海軍の切り札ともいえる魚雷
世界水準の二倍以上の威力を誇る日本の魚雷
独創的なアイデアから生まれた酸素魚雷
本格的な酸素魚雷研究に多くの人が力を入れた
日本海軍の夢、〝無航跡〟の〈九三式魚雷〉の開発成功
海上戦法を根本から変えた酸素魚雷の登場

連合軍攻撃に威力を発揮
米艦隊と日本軍の物資補給艦隊がルンガ沖で遭遇
米艦隊の恐怖は闇夜の姿の見えない魚雷攻撃
酸素魚雷が米軍側に捕らえられた
驚くべき戦果は戦史に残るもの
強力な秘密兵器の酸素魚雷
●世界を揺るがした巨砲　四六センチ砲・九一式徹甲弾・三式弾……112
海軍国日本は建艦競争を演じた
新軍艦建造計画は極秘裏に進められた
四六センチ砲搭載の戦艦の威力は巨大なもの
射撃試験中の珍事から水中弾道も加えられた〈九一式徹甲弾〉
弾丸の新型式設計はみごとな構造
新対空砲弾の黛中佐の提案は最初不採用

提案に研究開発を重ねて成功した新対空弾
新式対空弾〈三式弾〉として艦船に兵器採用
戦果を上げた戦艦〈金剛〉からの百四発の〈三式弾〉
悲劇の戦艦〈陸奥〉謎の爆沈は〈三式弾〉に疑いが
疑い晴れて製造再開したが戦局は不利に
飛行機群の編隊攻撃を目的の空中兵器〈三号爆弾〉
〈ロケット式三号爆弾〉は短期実戦使用

●海軍雷撃隊の優秀さを物語る　九一式航空魚雷…138

勝利は雷撃の成果に負うところ大の洋上戦闘
酸素魚雷はあくまでも艦艇で威力を発揮
航空機用に適している〈九一式魚雷〉
改良で理想に近い〈九一式魚雷〉に

安定舵と框板の採用で命中率を高めた
次々に改良を加えられた航空魚雷の製造

●世界に例のない海軍がつくった水陸両用戦車　特型内火艇……150
陸軍のＳＲ車は試作で終わった
最初の〈特二式内火艇〉は〈カミ車〉
次の出現の〈特三式内火艇〉は〈カチ車〉
3番目に出現の〈特四式内火艇〉は〈カツ車〉
一両も生産されず、幻の〈特五式内火艇〉

●〈零戦〉に頼りすぎて間に合わなかった海軍試作戦闘機……164
海軍に高々度戦闘機は一機もなし！
艦上戦闘機〈烈風〉は無念の製作中止

モスキート型の重戦、局地戦闘機〈天雷〉の不運
変わり型の快速戦闘機〈震電〉は終戦で挫折
レーダーつき重装備の夜間戦闘機〈電光〉の試作機は爆撃消滅
十七試局地戦闘機〈閃電〉は幻の三菱の奇型機
十八試艦上戦闘機〈陣風〉は幻の快速機
ロケット戦闘機〈秋水〉の原型はドイツ戦闘機

海軍ストーリー　空母に転化された豪華客船その名は特設空母……176

●海軍がつくったロケット弾
噴進弾・地対空ミサイル奮龍……178
海軍のロケット弾の初陣は硫黄島
海軍の〈二〇センチ噴進弾〉は米軍にとって恐怖の大迫撃砲弾

〈四五センチ重噴進弾〉の大和型ロケット
海軍で製造の〈一〇〇式六〇キロ爆弾投射機〉
性能向上と工程省略化から〈三式二〇センチ噴進弾一型〉が出現
〈三式噴進弾二型〉は二十日で完成の海軍ロケット兵器
特型噴進弾〈奮竜〉は今日でいう地対空誘導弾
〈奮竜二型〉は浅間山麓で秘密に試験発射
〈奮竜二型〉の実験結果はほぼ良好
本格的な地対空ロケットの〈奮竜四型〉は敗戦で姿を消す
●日本海軍の特攻兵器・人間魚雷　回天……198
戦局劣勢に追い詰められて〈回天〉の出現
酸素魚雷を母体に秘称㊅兵器の試作
実験中殉職の遺書にあった海軍の潜水艦魂
〈回天〉特別攻撃隊の初陣はウルシー環礁の北方錨地

決死の発進「われに百隻の〈回天〉あらば…」
ウルシーでの〈回天〉の戦果は油槽艦の大爆発
第二次〈回天〉出撃作戦は規模を大きくして決行

●夢想となった太平洋遠征　試作大型爆撃機……216

急がれていた海軍の大型攻撃機の開発計画〈深山〉
原型機は米国ダグラス社の民間旅客機
日本海軍が土台とした〈DC4〉は失敗作のものだった
第一号試作機〈深山〉の完成
〈深山〉は格納庫もなく野ざらしにされた
〈深山〉の経験から生まれた戦略爆撃機〈連山〉
当時日本の傑作機〈連山〉の特徴
巨大な長距離爆撃機〈富嶽〉の雄大な計画の夢

海軍ストーリー「われに追いつくグラマンなし」高速偵察機〈彩雲〉……236

●B—29の猛爆を迎撃する局地ロケット戦闘機　秋水……238

ドイツのMe163Bの資料を日本海軍入手
日本製Me163の開発に心血を注ぐ
〈秋水〉の希望生産計画は現実離れしたものだった
特ロ2号ロケットエンジンの作動原理
東海地方大地震や空襲で遅れた試作機
軽滑空機〈秋草〉による珍しい飛行試験
B—29を避けて転々としたエンジン工場で整備完了
〈秋水〉一号機の飛行試験は挫折
〈秋水〉二号機は終戦で未飛行

海軍ストーリー　初出港後二十時間
足らずで沈没の世界最大の空母〈信濃〉……257
●終戦で残った五百隻の
水中有翼潜水艦　咬龍・海龍……258
戦局悪化の中で誕生した〈咬龍〉
高性能の潜高大型潜水艦の建造計画
間に合わなかった強襲型の最新高速潜〈伊二〇一型〉
〈海龍〉をまねた現在の原子力潜水艦
新案が豊富な水中爆撃機の異名もある〈海龍〉
浅野大佐らの努力の結晶が〈海龍〉を生んだ

海軍ストーリー　万国信号旗と軍艦旗を掲げた仮装巡洋艦の〈報国丸〉と〈愛国丸〉……275

●世界無比の人間爆弾・航空特攻　桜花……276

〈桜花〉11型は戦局終盤に実際に使われた
着陸用橇を装備の〈桜花〉K型
型式をいろいろ変更した〈桜花〉
生還のない自殺機〈桜花〉特攻兵器

●終戦直前に一回飛行のジェット特殊攻撃機　橘花……286

先覚者の種子島少佐は異端視された
ガスタービンエンジンの開発研究の努力

ドイツからのみやげ物で〈ネ20〉開発へ
国産第一号ジェットエンジン〈ネ20〉
〈橘花〉は日本独自設計のジェット機
国産初のジェット機の試飛行に託す希望

海軍ストーリー〈せみ〉とあだ名されたリモコン大型模型の一式標的機……301

●パナマ運河爆砕目的の海底空母と特爆伊四〇〇潜・晴嵐……302
山本五十六長官の海底機動作戦の構想
世界でも歴史に残る潜水空母の実用化
巨潜〈伊四〇〇潜〉は現在のポラリス潜に匹敵する
潜水空母に搭載の一七試特殊攻撃機〈晴嵐〉

不利な戦局で海底特攻の機動部隊編成を急いだ
体当たり特攻計画と訓練が進められた
作戦計画の変更を余儀なくされた
攻撃目標をウルシー奇襲攻撃に変更
「自沈か攻撃か」ついに一度も実戦に用いられなかった
あとがき……327

零戦

名機と謳われたその神話と葬送曲

初陣は十二試艦上戦闘機で中国上空へ

日中戦争が勃発して三年目の昭和十五年七月二十一日、一般国民はもちろん、海軍でもごく一部の関係者しか知らない小型機が、ひそかに横須賀航空隊の滑走路から飛び立った。

この小型機は、これまでの戦闘機に見られる下に突き出た脚がなく、胴体下には爆弾のような流線型の物がつられていた。小型機十五機は、次々に離陸すると上空で編隊を組み、上空で待機していた先導機の〈九六式陸攻〉のあとにつき、整然と西の空に消えていった。

これが、実戦に初めて出撃する〈零戦〉の内地出発の情景であったが、当時まだ〈零戦〉は海軍の制式戦闘機として採用が決定されていなかったので、このときの〈零戦〉は試作名称の十二試艦上戦闘機（以下、十二試艦戦という）として、中国戦線への初陣であった。

だが、試作機といっても後年、中国大陸から太平洋を翼下におさめる零戦の原型であっただけに、その精悍（せいかん）な全姿はこれまでの日本戦闘機には見られないものがあった。

試作機の計画は3年前から

十二試艦戦と呼ばれたこの試作機は、日中戦争開始の年の昭和十二年十二月五日、海軍から三菱・中島両航空機会社に対して、新型艦上戦闘機計画要求書が交付されたときから、三菱で計画されたものである。

この計画によると、当時世界の水準以上の性能を持つといわれた〈九六式四号艦上戦闘機〉の諸性能を、さらに一段と飛躍させようとするもので、文字どおり世界随一の艦上戦闘機を狙ったものであった。

その主な特徴は、まず速度、上昇力、旋回性、航続力などの諸性能と火力を、高い水準でまとめた万能戦闘機という点であった。

このため、わが国では最初の引き込み脚、可変ピッチ・プロペラ、二〇ミリ機関砲装備の艦上戦闘機として設計された。例えば、初期の〈零戦11型〉の全備重量も〈九六式四号艦戦〉に比べ一・四倍の二三四三キロという大きなものであるにもかかわらず、運動性は〈九六式四号艦戦〉と同等であることが要求されている。

三菱の堀越二郎技師はじめ設計陣は、こぞって空力的洗練に苦心を払い、昭和十四年四月一日、十二試艦戦第一号機は志摩飛行士により初飛行に成功した。さらにそのほかに改良が加えられて、同年九月十四日海軍に納入されて、横須賀に送られた。

続いて第二号機もおさめられた。

これらの第一、第二号機は三菱製の〈瑞星13型〉発動機を装備していたが、第三号機以降は、高性能の中島製〈栄(さかえ)12型〉発動機が装備された。次々に完成する十二試艦戦は海軍側に納められてテストが進められ、下川万兵衛少佐や奥山工手の犠牲を出しながら各部に小改良が加えられて、ますます磨きのかかった戦闘機に育ち、本機の採用はいよいよ目前に迫ってきた。

十二試艦戦に搭載された火器は、〈九六式艦戦〉にも搭載されていたイギリス・ビッカース製の七・七ミリ機銃二丁のほか、スイス・エリコン製二〇ミリFF型二丁を加え、四丁として火力は飛躍的に増大した。これら外国製機銃はまもなく国産化され、〈八九式七・七ミリ機銃〉、〈九九式二〇ミリ機銃〉となるが、十二試艦戦当時はまだ輸入銃であった。

ただし、二〇ミリ機銃を翼内に装備したのは十二試艦戦、つまり〈零戦〉が世界で最初であった。

栄光の戦闘史をつくり上げた零戦の全姿

中島〈栄12型〉発動機

実用実験中ながら実戦部隊の要望で第一線へ

十二試艦戦がテストを繰り返していたころ、本機の高性能は早くも中国戦線の航空部隊に伝わり、この新型機の早期装備を望む声が高まった。〈九六艦戦〉では航続距離が短く（約六九〇キロ）、中国奥地へ出撃する〈九六式陸攻〉の中攻隊の援護ができず、丸裸で出撃する中攻隊の悲惨な被害が続出していたからである。

そのために一八〇〇キロ以上の航続距離を持ち、中国空軍の主力となっていたソビエト製〈イ16戦闘機〉より速度が速いと伝えられる新型戦闘機があるなら、二機でも三機でもよいから前線に送ってほしいという実戦部隊からの強い要望であった。

ところが、十二試艦戦は実験と改修も未完了であり、まだ海軍の制式戦闘機とはなっていなかった。

しかし、現地からは、たとえ機体にいくらかの不具合はあるとしても、速度と航続力と二〇ミリ機銃の火力だけでも発表どおりのものなら、ほかは自分たちの技量でカバーしてみせるといってきた。

もはや海軍としては決断するよりほかはなく、実用実験中の十二試艦戦を第一線に投入することになり、昭和十五年七月二十一日、横山保、進藤三郎両大尉の指揮する二個

箱型框板をつけた91式魚雷を懸吊した〈96式陸攻〉

零戦の最有力武器で世界最初に翼内装備された〈99式20㎜機銃〉

中隊十五機が横須賀から中国大陸に向かい、大村、上海、と三段飛びで全機無事漢口に到着したが、単座戦闘機でこのような長距離空輸飛行に成功したことも、世界に例がない画期的な快挙であった。

〈零式艦上戦闘機11型〉として戦場デビュー

戦場に到着した十二試艦戦は、現地の戦闘機隊が待ち焦がれていたとおりの機体であった。そして、七月末に〈零式艦上戦闘機11型〉という制式名が与えられ、十二試艦戦は立案以来三年四か月目に、自信満々で日本海軍戦闘機〈零戦〉として戦場にデビューしたのである。

初出撃で圧勝を飾った重慶上空戦

横山、進藤両大尉の指揮するこの〈零戦〉二個中隊は、漢口基地で訓練飛行と整備を行い、慎重に作戦準備を整え初出撃の日を待った。

そして八月十九日、まず横山大尉以下の十二機が、重慶爆撃に出撃する中攻隊五十四機を援護して初の重慶進攻を行い、翌二十日は進藤大尉以下の十二機が同じく中攻隊と

中国上空を快翔する〈零戦11型〉

零戦に乗り込むパイロット

ともに重慶に進攻したが、反撃してくる敵機は一機もいなかった。

日本の新型戦闘機出現のニュースは、漢口周辺の中国側情報関係者により、すでに中国空軍に知れ渡り、日本空軍出動と同時に彼らは奥地に避退していたのである。当時では、漢口と重慶往復一八五〇キロの長距離飛行ができる単座戦闘機があるなど、常識では考えられなかっただけに、中国側の驚きは非常に大きなものであった。

そこで日本側では、いったん重慶上空から十分ぐらい遠ざかり、再び反転して重慶上空に戻り、反対側の奥地から帰投してくる中国空軍を捕らえようとした。これも、航続力に余裕のある零戦だけにできる芸当である。

この作戦はみごとに成功した。九月十三日、進藤大尉の指揮する〈零戦11型〉十三機は、重慶進攻後いったん重慶上空から姿を消し、再び反転して重慶上空に姿をあらわしたとき、空中には安心して帰ってきた中国空軍の〈イ15戦闘機〉、〈イ16戦闘機〉三十二機がいた。

零戦隊十四機はそれを包囲して、約二十分の戦闘で二十七機を撃墜、二機を迫撃の末、山腹に激突させ、ほかの三機は空戦途中で落下傘降下して操縦士が脱出し、結局、全機を壊滅させた。いっぽう、零戦隊側では、四機が被弾しただけで全機が無事という圧倒的な勝利で初陣を飾ったのである。

この戦果に対し、支那（当時呼称＝中国）方面艦隊司令長官の嶋田繁太郎中将は、第十二航空隊所属の零戦隊に次のような感状を与えている。

「昭和十五年九月十三日、長駆四川省ノ山岳地帯ヲ突破シテ攻撃隊ノ重慶爆撃ヲ掩護シ、一時行動ヲ韜晦敵機誘出ニ努メタル後、再度重慶上空ニ進撃シ、陸上偵察機ノ協力ニヨリ、敵戦闘機ヲ発見捕捉シ、勇戦奮闘克クソノ全機ヲ確実ニ撃墜シタルハ、武勲顕著ナリ、仍テ茲ニ感状ヲ授与ス」

同時に、機体の設計製作を行った三菱、発動機の中島、二〇ミリ機銃を製造した大日本兵器も、それぞれ海軍航空本部から感謝状が贈られ、中島でも〈零戦〉の生産が行われることが決定した。

八月十九日の初出撃以来、その年の終わる十二月三十一日までの約百日間の〈零戦〉の総合戦果は、次のとおりである。

攻撃参加回数　二十二回
同　延機数　百五十三機
撃墜機数　六十機
撃破機数　百一機
損失機数　〇　機

まさに無敵であった。

長距離性能をフルに発揮した中国上空戦

この年十月末、中国派遣の中攻隊が、再編成のため全機内地に引き上げたので、翌年四月までの約六か月間は、のちに増強された十五機を合わせて三十機の零戦隊が、その長距離性能をフルに発揮して中国全戦域の作戦を担当した。これは、それまでの単座戦闘機では思いもよらない任務であり、わずか三十機の〈零戦〉が、広大な中国大陸の空を制覇することをだれが想像しただろうか。昭和十六年三月十四日、成都を長駆攻撃した零戦隊は、再び中国空軍機二十七機（そのうち三機不確実）も一挙に撃墜するという大戦果をあげた。

そして、五月に入って中攻隊の一部が中国に派遣され、五月二十二日戦爆連合で成都攻撃中、地上砲火で〈零戦〉一機（木村一空曹）が撃墜された。これが零戦の損失第一号であった。

やがて八月三十一日、運城から松藩への五機による進攻を最後に、〈零戦〉の中国大陸での作戦はひとまず終了し、きたる日米開戦に備えるため、内地や台湾に一応引き上げた。この期間の戦果は撃墜破百六機、日本軍の損害は前記木村機のほか、六月二十三日蘭州強行偵察で一機失っただけであり、この一機も地上砲火によるものであり、一年

昭和15年10月末から6か月間、わずか30機の零戦隊で中国上空の制空権を握った

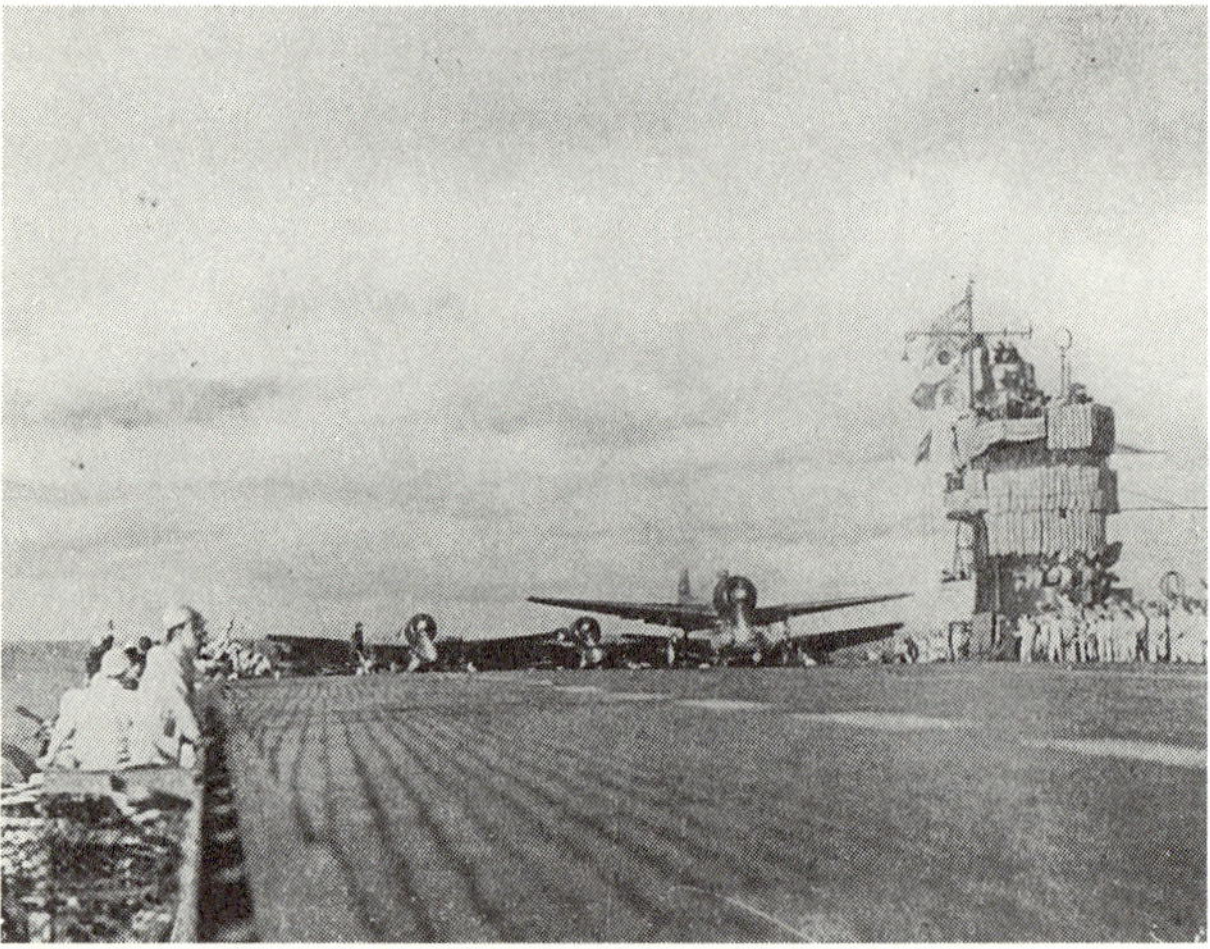

昭和16年12月8日未明、空母〈赤城〉を離艦する〈零戦21型〉

間の作戦行動中、地上砲火による損失二機だけという世界空戦史に例のない記録であった。

この〈零戦〉の活躍に対して中国空軍は恐れをなしたのか、ほとんど反撃してこなかった。

アメリカ当局も〈零戦〉の出現を甘く見ていた

アメリカから中国空軍援助のために中国側で戦ったシェンノート将軍指揮の義勇空軍〝フライング・タイガース〟でさえ、満足な機体もなかったことも理由の一つだが、〈零戦〉と対等に戦うことができなかった。シェンノートは、昭和十五年に日本軍の驚異的な新鋭戦闘機出現について、ワシントンに報告を送り注意を促したが、当局はこの報告に関心を示さなかった。

その理由は、アメリカ当局主流の日本の航空技術に対する考え方が非常に甘かったこと、つまり、ひどい話だが日本に新型戦闘機を開発生産する能力などないと独断していたことである。

まして、一八〇〇キロ以上も飛べる単座戦闘機など、アメリカにもないのに日本人につくれるはずがない、と勝手に思い込んでいたからであった（この考えは、半年後の太

ホノルルに墜落した空母〈赤城〉から発進した戦闘機（21型54号機）

平洋戦争初期、ハワイとフィリピン方面で米軍が思い知らされることになる）。

度重なる報告にもかかわらず一顧だにしない無関心な当局に対し、シェンノート将軍は、再々意見具申書を提出したが、答えはいつも決まっていた。

「貴官は、東洋風の優雅な臆病風に取りつかれているらしい。もし報告書が真実なら、日本の新型戦闘機一機を捕獲して本国に送られたし」――これは無理な注文である。〈零戦〉に対して反撃はおろか、その破片すら中国側では入手できなかったからである。

太平洋戦争でも〈零戦〉は作戦成功に導く

昭和十六年十二月八日、日本が太平洋戦争に突入したとき、日本海軍が戦闘配置につけていた〈零戦〉の数は、編成表の定数によると、常用機だけで三百二十八機、補用機を含めると三百数十機という数字になる。

これらの〈零戦〉は、主翼端を五〇センチほど上方に折り曲げて、空母のリフトに搭載できるようにした21型で、ハワイ作戦を担当する第一航空艦隊の六空母〈赤城〉〈加賀〉〈蒼龍〉〈飛龍〉〈翔鶴（しょうかく）〉〈瑞鶴（ずいかく）〉と、フィリピン作戦を受け持つ第十一航空艦隊の基地隊（台南空、三空）に集められ、ほかの空母や基地隊はすべて〈九六式四号艦戦〉であった。

飯田大尉の自爆によって大火災を起こしたオアフ島のカネオへ基地格納庫

こうして十二月八日を迎えた。

この日未明、太平洋上の空母群からは零戦隊が艦攻と艦爆を守ってハワイへ突進し、それよりやや遅れて台湾南部の基地を発進した台南空と三空の〈零戦〉は、中攻隊とともにフィリピン上空に殺到したのである。

ハワイ攻撃に参加した〈零戦〉の数は八十一機で、残りの五十四機は機動部隊の上空直衛を担当していた。

いっぽう、フィリピンを襲った〈零戦〉は八十四機で、このうち台南空の三十四機がクラーク基地、三空の五十機がイバ基地を攻撃した。

ハワイ攻撃の戦果はよく知られているので省略するが、この攻撃で日本側は九機の〈零戦〉を失った。この中には、歴戦のベテラン飯田房太大尉も含まれていた。燃料タンクに被弾した大尉は、カネオへ飛行場へ自爆したのだった。続いて日本機動部隊は、ハワイを襲った機動部隊の一部〈蒼龍〉〈飛龍〉を内地帰投の途中からウエーキ島方面に派遣し、敵戦闘機の反撃を受けて苦戦していたウエーキ島攻撃部隊の作戦を支援し、その目的を達成させた。

ここでも〈零戦〉は敵戦闘機を壊滅させ、作戦成功への道を開いている。

敵軍に〈零戦〉の正体はなかなか暴かれなかった

太平洋戦争が開始され、初期の一連の航空作戦で、〈零戦〉の強さに米軍は完全に圧倒された。そして、なんとか〈零戦〉の秘密を探り取ろうと努力したが、この戦闘機に関してはその正体をなかなかつかむことができなかった。

オアフ島カネオへ基地に自爆した飯田大尉の機体は完全に破壊しており、調査の対象にならなかったが、ホノルル郊外のハイウェーの横に地上砲火で撃墜された〈零戦〉は、機首と翼と胴が折れて大破し原型までは復元できなかったが、ある程度のアウトラインをつかむことができたという。

また、真珠湾攻撃一か月後にハワイ群島最西方の島、ニイハウ島に不時着していた〈飛龍〉所属の西開地一飛曹の〈零戦〉がオアフ島に送られてきたが、その機体も西開地一飛曹が機体に火をかけ自決していたため、飛行できるような状態の〈零戦〉ではなかった。

米軍では、これらの〈零戦〉の残骸を入手したことを極秘扱いにし、軍用格納庫におさめて警備兵を置き、ごく限られた関係者以外は見ることができなかった。

ちょうどこのころ、在中国アメリカ義勇空軍のシェンノート将軍から、飛行可能の

〈零戦〉一機を入手したと報告があった。

その報告によると、昭和十七年一月、機体故障から行方不明となり、中国の山岳地帯に不時着している〈零戦〉を発見したという。のどから手の出る思いで〈零戦〉を欲しがっていた米軍は、早速機体の引き渡しを要求した。しかし、当時中国奥地からアメリカまで、その〈零戦〉を運ぶ手段はなくなっていた。

この〈零戦〉は、写真に見られる〈零戦21型〉で、〝フライング・タイガース〟の手で原型に復元され、青天白日の中国空軍マークをつけられていたが、同年十二月にようやくアメリカに送られた。ただし、この機体は原型とは少し違った個所がある。それは、零戦各型を通じて発動機後方のカウルフラップの後方に設けられている縦の滑油冷却用空気の放出口がなく、その位置には魚のエラ状の六個のフィンがつけられている。たぶん、滑油冷却器の故障で不時着したとき、この付近が破壊したものを現地で修理したものと思われる。

米軍、完全な不時着〈零戦〉を発見して復元

中国での〈零戦〉入手の報に大喜びした米軍当局も、なかなかアメリカに到着しない幻の〈零戦〉をいらいらしながら待ち続けたが、この年の六月、思いがけないところで

中国空軍が入手した不時着の〈零戦21型〉が復元されたもの。中国空軍の青天白日のマークが主翼下に塗りかえられている

昭和17年6月5日、アクタン島に不時着転覆し、大破した古賀機〈零戦21型〉

米軍は〈零戦〉を発見して狂喜した。

昭和十七年六月五日、ミッドウェー作戦と同時に行われたアリューシャン攻略作戦に参加した日本海軍の空母〈龍驤（りゅうじょう）〉所属の〈零戦21型〉の一機が、アクタン島に不時着したものであった。

この日の、キスカ島上陸に先駆けてダッチハーバーを攻隊した空母〈龍驤〉〈隼鷹〉の〈零戦〉六機、〈艦攻〉九機、〈艦爆〉十一機は、午前十一時十五分から攻撃を開始し、飛行艇格納庫、そして軍事施設を爆撃炎上させたが、〈龍驤〉零戦隊二小隊の二番機、古賀一飛曹機は激烈な地上砲火を受けて発動機不調となり、午後一時三十分僚機に見守られながらアクタン島上空まで飛び続けたが、同島上空でとうとう発動機が停止したため不時着を決意、僚機に手を上げて地上に胴体着陸したが、ツンドラ地帯であったため、接地と同時に転覆した。

僚機は何度も上空を旋回して安否を確かめたが、古賀一飛曹は衝撃で死亡したらしく、ついに機体から出てこなかった。このため上空を去った僚機は古賀機自爆と報告したため、アリューシャン攻略の日本機動部隊は現地を引き上げた。

数日後、同島周辺上空を警戒していた沿岸警備隊の飛行艇は、霧の晴れたアクタン島の緑のツンドラ地帯の中央に、ポツンと小型機が白い腹を見せてひっくり返っているのを発見した。なおも低空で飛ぶこと数回、主翼には鮮やかな日の丸がついている。

米海軍の沿岸警備隊がアクタン島の古賀機〈零戦21型〉を調査する

古賀一飛曹の〈零戦21型〉がアクタン島から運び出される

〈零戦21型〉の計機類

「ジャップ・ゼロだ！」

沿岸警備隊は、直ちに同方面の陸軍守備隊に連絡するとともに、〈零戦〉収容隊を同島に派遣した。

そして陸軍守備隊の手を借りて、この〈零戦21型〉（機体記号ＤＩ－１０８）を島から運び出した。

古賀一飛曹は、予想どおり機内で戦死していた。彼らは機体を起こし、丁重に古賀一飛曹の遺体を機外に出し、簡素ながらも海軍礼式の作法により現地に埋葬したという。

この〈零戦〉は米陸軍の調査班に渡され、米陸軍のライトフィールド基地で原型に復元されて、本格的な性能テストを受けた。だが日本側は、このことを全然知らなかった。

この結果、米軍は〈零戦〉が予想以上の性能を持つ画期的な戦闘機であることを確認したのである。

〈零戦〉の性能入手による米軍の驚き

ライトフィールド基地では、かつての大西洋横断飛行に成功して、世界的に有名になっている名飛行家チャールズ・A・リンドバークも〈零戦〉の空戦テストにあたったという。

アンテナが折れているので無線設備はないが、修理されて、ライトフィールド基地でテストを受ける〈零戦21型〉

上と同じ基地でテスト飛行される〈零戦21型〉。操縦は有名なリンドバーク飛行士

上部から見たテスト飛行中の同機

さらに、この〈零戦〉は海軍のアナコスチア基地に送られ、米海軍機との空戦テストを受け、ここに完全に〈零戦〉の秘密は米軍側の知るところとなった。

テストの結果、米軍は日本の新型戦闘機〈零戦〉が、予想以上の驚くべき性能を持っていることを知ったのであった。

米軍側のテストで、〈零戦21型〉は高度一九〇〇メートルで時速五二五キロという驚異的な速度を示し、上昇率は海面上で三八三メートル/分、実用上昇限度は一万一七三〇メートルを出した。さらに〈零戦〉は翼面荷重が低く、格闘性能は米軍のどの戦闘機よりも抜群に優れていること、艦上戦闘機として設計されただけに離着陸性能にも優れ、その安定性は卓越していること、〈零戦〉の発動機〈栄12型〉は、米軍の過給器なしのどの発動機より優秀で、機体に合わせてコンパクトにまとまっていること、また、米軍が研究を開始していた大口径二〇ミリ機銃を完全に国産化して搭載していることなど数々の長所が判明し、関係者を驚かせた。

あるレポートによると「この戦闘機が、ビス一本に至るまでジャップ(日本人)がつくったものであることに、驚異と恐怖を覚える」とある。

その反面〈零戦〉は極端な重量軽減がはかられているため、防弾装備が貧弱なこと、時速四八〇キロ以上の速度では急激に運動性が落ちること、二〇ミリ機銃弾の携行数が少ないことなどの欠点も指摘された。

中国で入手され、ライトフィールド基地に運ばれてきた〈零戦21型〉。米軍マークに塗りかえられている

昭和18年に米軍によって捕獲された〈零戦32型〉を組み立て飛行テスト。翼端が切られた同型の特徴ある機体がわかる

驚異的な性能に「〈零戦〉とは決して戦うな」の指令

さらに、この年の暮れに中国で入手された前述の〈零戦21型〉も桂林で修理され、アメリカに到着し、アリューシャン入手機に続いて数多くのテストが繰り返された結果得られたデータをもとに、現在米軍側が保有しているどんな戦闘機でさえ、〈零戦〉との単機の格闘戦は、性能上禁止しなくてはならないことを知らされた。

また、発動機の出力の割合には水平速度、上昇速度が優れており、時速四八〇キロ以下の速度では〈零戦〉と戦ってはいけない。低空から上昇に移った〈零戦〉を追撃することはいけない、などの細かい指令を出したのであった。

これらの事実によって、日本の航空技術が、それまで一般に知られていた外国模倣一点張りの低調なものではなく、非常に独創的な研究が積み重ねられていたことが明瞭になった。

米軍の反撃機の開発

〈零戦〉の大きな欠点としては、急降下での翼の強度の不足と、防弾装置の不備が挙げ

マリアナ方面で捕獲され、護衛空母で米本国に送られる零戦。〈22型〉〈52型〉も見える

米軍操縦士によって、その性能をテストされる〈零戦52型〉

られ、とくに急降下で時速四〇〇マイル（約六四〇キロ）以上での振動とフラッターの発生が、高空性能の不足とともに最大の欠点であることがわかった。

これが、〈零戦〉に対する米軍の空戦対策に採り入れられたことはいうまでもない。

こうして、今まで謎めいていた恐るべき戦闘機〈零戦〉も、その素性がしだいに明らかになり、二〇〇〇馬力エンジンつきのF６F〈ヘルキャット〉に続いてF４U〈コルセア〉さらにターボ過給機を取り付けた高々度戦闘機P－47〈サンダーボルト〉の出現によって〈零戦〉恐るるに足らず、米機の優れた加速性を利用して奇襲追撃を加えるというように、いってみれば一撃離脱の戦法が、しだいに〈零戦〉を圧倒するようになったのである。

〈零戦〉は次々と米軍側に入手された

翼端を切った〈零戦32型〉が、米軍の手に入ったのは昭和十八年で、このころすでに〈ヘルキャット〉が第一線に送られており、性能を比較検討するのは容易であった。

この〈32型〉は、ニューギニアのブナ飛行場で破損した数機の〈零戦〉を集めた米軍の整備兵が、いったんオーストラリアまで運び、入念に組み立てたもので、増加タンクまで取り付けた完全な〈零戦32型〉であった。

この機体が、ライトフィールドでテストされたのは、十九年の初めごろといわれ、当時米英の航空雑誌などにも盛んに掲載されて、〈零戦〉の〈ZEKE〉とは別に、〈HAMP〉というコードネームで紹介されている。この機体は、飛行テストに続いて分解調査が行われ、各部の強度試験まで徹底的に調べられたという。四十九ページの写真の米軍マークをつけた〈零戦32型〉が、その機体である。

これらの調査は、ライトフィールドの陸軍航空資材本部の技術資料調査部長ヘイワード大佐の指揮のもとで行われ、海軍も協力した。その調査の結果が航空専門誌『Flying』『Aviation』に掲載されて話題を呼び、ここに謎の軽戦闘機『ゼロ・ファイター』の秘密が、完全に暴かれたわけである。最小の材料で最大の効果を狙った戦闘機、それが〈零戦〉の姿であった。

完全な〈零戦52型〉は、十九年六月にサイパンの飛行場で発見され、続いてフィリピンでもほかの新型機とともに続々と捕獲され、すでに日本の現用戦闘機に関する限り、秘密のヴェールというものはなくなった。やがて〈鍾馗〉〈飛燕〉〈疾風〉〈雷電〉〈紫電〉〈月光〉〈屠龍〉などすべての日本戦闘機が米軍側に入手され、昭和二十年春のフィリピンのクラーク基地一角は、日本機の展示会場のような観を呈するようになった。

このころすでに〈零戦〉は、米人技術者にとっては興味の対象ではなく、新しい検討の課題は、二〇〇〇馬力級の〈誉〉発動機（ハ45）をつけた〈紫電〉〈疾風〉に移っていた。

アメリカでは、初め〈零戦〉の性能に驚き、あとでは〈零戦〉の後継機が、終戦まで戦場にあらわれなかったことに再び驚いたそうだが、これは〈烈風〉の出現が、あまりにも遅すぎたことを意味している。

神話化された〈零戦〉爆音の葬送曲

海軍と三菱は太平洋戦争中、長期にわたり〈零戦〉を過大評価し、改良に改良を重ねたが、艦上戦闘機では、ついに最後まで〈零戦〉に頼っていたことになる。一〇〇〇馬力の〈ワイルドキャット〉で開戦し、一年半目に二〇〇〇馬力の〈ヘルキャット〉や〈コルセア〉に転換した米国人にとっては、理解できないのも当然である。

ともあれ、一時期とはいえ世界一の優れた格闘性能を持つ戦闘機として、全アメリカ国民を瞠目(どうもく)させ、神秘的とまでに見られた〈零戦〉は、世界航空技術史上に一線を画したことにはまちがいない。

〈零戦〉についての批評は、戦後もいろいろな形で発表されているが、そのいずれにも〈零戦〉が日本を代表する傑作戦闘機であったと評価されている。

とくにその最後を飾ったものが、零戦特攻隊であるということは、「血に彩られた老雄の末路」とでもいいたい悲壮なものが感じられる。この老いた駿馬に、前途ある幾多の青年の若武者が打ち乗り、祖国必勝と民族永遠の発展を信じて散っていった。この特攻機の爆音こそは、かつてその精鋭を世に謳（うた）われた〈零戦〉と〃古い日本〃の葬送曲であったと考えるのは、感傷に過ぎた言い方であろうか。

日本人の気質をもっともよくあらわし、世界でもっとも格闘性能のよかった「ゼロ・ファイター」は、たとえ世の中がロケットと原子力の万能時代になっても、太平洋戦争を知るすべての日本人、そして欧米人の記憶から、永久に消え去らないであろう。

真珠湾の波間に消えた海軍の先鋒

甲標的（特殊潜航艇）

〈甲標的〉は極秘兵器として呉海軍工廠に誕生した

昭和十六年十一月、日本海軍は最新型の第一線用潜水艦三十隻と、これよりやや古い型に属するが、なお実戦用に十分耐えられる潜水艦十八隻、それに予備として沿岸に配備され、主として訓練用に使用されていた十二隻の老朽艦を持っていた。そのうえ十七年に完成予定の計画艦十八隻があり、実際には十一隻が十八年終わりごろに完成した。

この中には〈甲標的〉つまり特殊潜航艇は入ってこない。この変わった小型潜水艦は、当時の海軍の首脳部からは珍奇なもの程度の認識しか与えられず、もちろん海軍の潜水艦建造計画からは除外されていた。搭載する小型魚雷わずか二本という攻撃力についても、多くの人は懐疑的であった。

しかし、この特殊小型潜航艇の構想は意外に古く、昭和六年の末、当時艦政本部の第一部第二課長だった岸本鹿子治大佐の着想のもので、米国艦隊との洋上決戦で、日本主力の劣勢を補うため特別に艤装された母艦の艦尾におさめられ、海戦中に、そこから突

内容はすべて軍機となっていた〈甲標的〉、ほかに「01号船」「H金物」と秘密の呼称がある

撃する高速豆潜水艦が原案であった。

機密保持上、「対潜爆撃標的」または「A標的」の名称で呼ばれた本艇は、昭和八年に試作艇二隻が呉海軍工廠で完成、翌九年には最高速力二七・六ノットを得て実験を完了、同時に母艦として計画中であった千蔵型四隻の建造も決定した。

昭和十三年、さらに第二次試作艇二隻の建造が発令され、呉工廠で建造が始められるとともに、母艦の格納甲板上での移動設備の実験が行われた。これらは構想の性格上、機密保持の対策は非常に厳しく、艇の名称は「甲標的」、「〇一号船」、「H金物」などと呼ばれ、その内容はすべて〝軍機〟(海軍の機密区分中最高のもの)と指定された。

電池潜水艦の速力は世界記録を保持

昭和十三年につくられた第二次試作艇は、魚雷が五三センチから四五センチ魚雷に変更されたほか、ほとんど一次艇と相違がない。実験での全力速度二四ノットを超えたが、この値は戦後米潜〈アルバコア〉によって破られるまで長く記録を保ち、また電池潜水艦の一時間放電率での速力としては、今でも世界記録となっている。

〈甲標的〉は全溶接の単殻(たんかく)潜水艦で、前端に並んだ発射管を包む浮力タンクを備え、水上状態では、これと艦橋直下の応急タンクとを排水して浮かぶ。重量は極度に切り詰められ、発射管は開放型で進水すれば魚雷は水漬けとなる。安全潜航深度は一〇〇メートルで、竣工した艇はすべて海上クレーンで一〇〇メートルまでつり下ろして、無人耐圧テストが行われた。実験中の搭乗員は岩佐直治中尉、秋枝三郎少尉で、のち両氏ともそれぞれ第一次と第二次特別攻撃隊隊員として戦死している。

以上の〈甲標的〉の実験と並んで、水上機母艦と偽って竣工した千歳型の第一艦〈千代田〉の甲標的母艦改造が進められ、艦内に十二基の艇がボギー式台車に乗せられて搭載されるようになった。

昭和十五年の夏、〈千代田〉の改造は完成し、〈甲標的〉を使って航走中から海中への敷設実験が行われた。

これによって〈甲標的〉が極秘裏に量産に入ったのは、昭和十五年の末からであった。呉工廠魚雷実験部から潜水艦部に主務が移り、倉橋島の大浦崎に専門工場が建設された。そして、工場の隣に搭乗員の訓練基地が設けられた。

大戦直前に〝真珠湾特別攻撃隊〟が編成された

昭和十六年十月、米英を相手とする太平洋戦争を決意した連合艦隊司令長官山本五十六（いそろく）大将は、開戦直前、岩佐大尉らの熱烈な請願によって、五隻の〈甲標的〉が真珠湾攻撃に参加することを許可した。もちろん母艦への帰投を条件としてであった。

参加艇は電池の四分の一を取り外し、操舵空気用気蓄器八本を載せ、航続距離を四ノットで八〇海里に減らし、潜航持続時間を十六時間に延ばす改造が施された。湾口侵入のため、艇首に防潜網切断器と保護索を備えてあるので、最高速力は一八ノットに低下したが、第一次攻撃隊員は何一つ不満もいわず、攻撃参加に臨んだ。

こうして、母艦に第六艦隊の第一潜水隊の〈伊一六号〉〈伊一八号〉〈伊二〇号〉〈伊二二号〉と〈伊二四号〉の五隻の巡潜丙型大型潜水艦が選ばれ、司令搭後方に特殊潜航艇を搭載できる母艦に急きょ改造された。

彼らの任務はできるだけ真珠湾に接近し、これらの小型潜航艦を発進させることで、正式には「特別攻撃隊」と呼ばれた。

本艇には前述のように発電機は装備されておらず、充電したバッテリーを積んでいるだけで、動力は六〇〇馬力のモーター一軸で、水中一八ノットの最高速度を出すことができた。電池の容量から、最高速力で航行したときの航続時間は五十五分に過ぎなかったが、二ノットの速力では約一〇〇海里の航行が可能である。この制限航続半径から、母艦から発進する位置は極力目標に接近させなければならなかった。

全長は約二三・九メートル、艇体の最大直径は一・八五メートル、潜航時排水量四十四トンで、各艇は発射管前部から装塡(そうてん)された四十五センチ魚雷二本を艦首に縦配列され

母艦上の台車に固定された〈甲標的〉特殊潜航艇

真珠湾攻撃の「特別攻撃隊」に特殊潜航艇の使用を許可した連合艦隊指令長官山本五十六大将

母艦となる潜水艦上に搭載された甲標的の略図

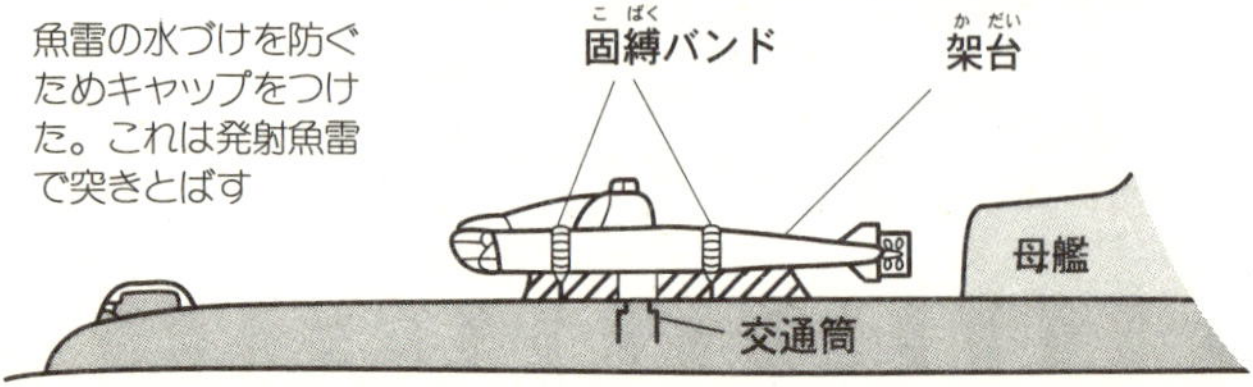

ていた。

乗員は二名で艇長は司令塔に位置して、艇の操舵運航にあたり、もうひとりはバルブとバラストの操作を受け持ち、浮上潜水と姿勢制御を担当した。

五隻の特殊潜航艇は真珠湾へ出撃

開戦当日、ハワイ真珠湾攻撃にあたる南雲忠一中将麾下の機動部隊は、空母六隻、戦艦二隻、巡洋艦二隻、駆逐艦十一隻、潜水艦十一隻、そのほか補助艦艇八隻から編成されていた。

これら艦艇は、昭和十六年十一月十日から十八日にかけ、呉軍港はじめ日本近海の基地からひそかに単独出撃し、十一月二十二日には千島列島最大のエトロフ島ヒトカップ湾に集結し、日本海軍連合艦隊としては史上最大の機動部隊の編成を完了した。

ここから十二月二日ハワイを目ざし、まず北太平洋を迂回して南下し、目的地に直行した。これらの潜水艦を随伴した機動部隊のほかに、五隻の特殊潜航艇を搭載した総勢二十隻から編成された第一、第二、第三潜水隊群が、別方面から真珠湾奇襲作戦に参加した。

潜水隊の任務は、機動部隊による航空攻撃をより効果的にすることにあった。その基本任務はアンカレッジ、アリューシャン列島の各米海軍基地、南太平洋地域での隠密偵察、航空攻撃を逃がれて真珠湾から脱出を図る艦船に対する包囲攻撃、そしてほかから真珠湾に反撃に駆けつける艦隊の迎撃、海上不時着を予想される友軍機乗員を救出することであった。

そして、そのほかに空中攻撃の最中、特別攻撃隊を真珠湾に深く突入させて、主力戦艦に魚雷攻撃を敢行することでもあった。

これら特殊潜航艇の戦果には、大きな期待が寄せられていた。

すでに十一月中旬、特別攻撃隊の乗員たちは数か月間の猛訓練を終え、最後の仕上げを完了していた。十一月二十五日の月のない暗夜、五隻の伊号潜水艦は各一隻ずつの特殊潜航艇を載せ、呉軍港を一路ハワイ目ざして出撃した。

この五隻は、ほかの潜水隊群より出撃がいちばん遅かったうえ、艦上に特殊潜航艇を搭載していたので航速も普通より落ちたため、太平洋を一路真珠湾に向けて直行した。

十二月五日の日没時（ハワイ時間、以下同じ）、特別攻撃隊は湾口から五〇〇海里以内に達してすべての発進任務を完了し、母艦群は静かに一〇海里の位置まで前進して扇状に展開し、機動部隊の空中攻撃の第一波と第二波の間の発進時刻を待った。各艇は、発進後湾内に入ったらフォード島周辺を左回りに一回転して進むことになっていた。

そして魚雷発射後、各艇は湾外へ脱出し、前もって打ち合わせた母艦の仮泊点に戻ることになっていた。母艦群は奇襲の当夜、収容のためラナイ島西方七海里の位置に浮上待機することにしていた。もし当夜収容できない場合は、翌夜も待機する計画である。

真珠湾の十二月六日の夜

やがて攻撃の前日の十二月六日がきた。その夜七時、佐々木大佐の指揮する第三潜水隊の五隻の伊号潜水艦は、オアフ島南岸沖合の海中定位置にハンギングして待機した。ハワイの日没は遅い。ワイキキの海岸に面したモアナホテルの窓から水平線のかなたに目をやると、内地では見られないような真紅の夕陽が見える。しかし、それがダイヤモンドヘッドを左に見た濃紺の水平線上に、血のような光の束をまき散らしながら完全に沈んでしまうのは夜の九時ごろである。

九時三十分、〈伊二二潜〉が日没後の海上に静かに浮上した。佐々木司令官ののぞく潜望鏡には、明るいホノルルの街の灯が、キラキラと輝いていた。その灯の七マイル先が真珠湾口だった。そして、あと十時間とたたないうちに真珠湾は火の海になるはずだったが、オアフ島はなにも知らずに静まりかえり、アロハタワーの航空標識は青と赤に点滅し、ヒッカム飛行場の着陸管制灯も、いつもとおりに光って並んでいた。「やっぱり敵は気づいていない」〈伊二二潜〉は潜望鏡を引っ込めて以前のハンギングに戻し、

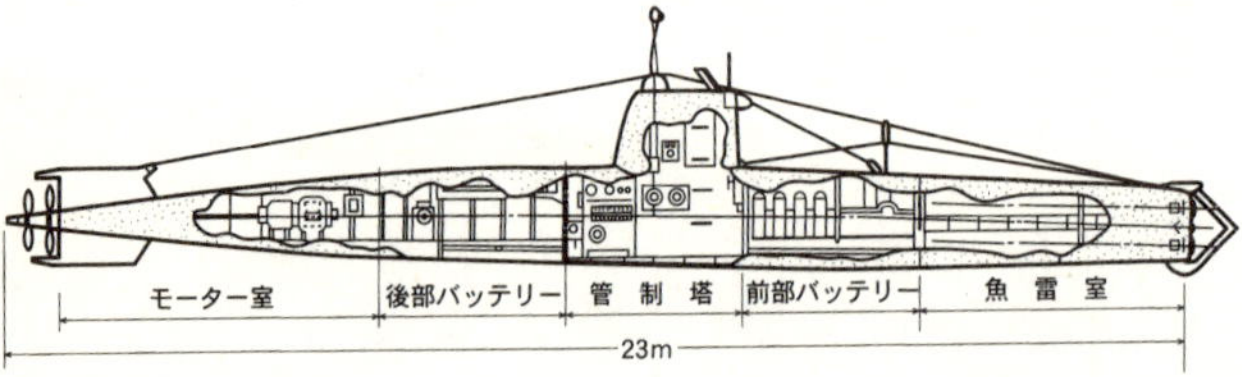

甲型特殊潜航艇の断面図

排水量：46トン

寸　法：23m

動　力：600馬力・単軸モーター

速　力：水上23ノット　水中19ノット

武　装：45cm　魚雷2本

乗　員：2名

特殊潜航艇乗員

潜水艦	指揮官	潜水艦長	特潜指揮官	同付
伊22潜	第三潜水隊司令 大佐 佐々木半九（伊22乗艦）	中佐　揚田清猪	大尉　岩佐直治	一曹　佐々木直治
伊16潜		中佐　山田　薫	中尉　横山正治	二曹　上田　定
伊18潜		中佐　大谷清教	中尉　古野繁美	一曹　横山薫範
伊20潜		中佐　山田　隆	少尉　広尾　彰	二曹　片山義雄
伊24潜		中佐　花房博志	少尉　酒巻和男	二曹　稲垣　清

時計の針が七日午前〇時を回ったころ、各艦は静かに真珠湾口に近づいていった。

「特潜出動！」命令で次々に潜航前進

やがて〈伊一六潜〉が浮上した。各特殊潜航艇は、一番艇（横山艇）がハワイの日の出三時間前に真珠湾口をくぐると、各艇も三十分間隔で湾内に隠密潜水することになっていた。この歴史的な日、十二月七日のハワイ、日の出時刻は午前六時二十六分である。したがって、日の出三時間前に発進することになっている一番艇は、午前三時ごろ母潜水艦〈伊一六潜〉から切断されなければならなかった。

〈伊一六潜〉の黒い艦体が、両舷に海水をたらしながら浮上するのも遅しと、横山、上田のふたりがハッチを飛び出して、艦上に鉄のバンドで縛りつけられた鉄の丸筒の中に潜り込んだ。長さ二三・九メートル、高さ一・八五メートルの艇内にはバッテリーがぎっしり詰まり、指揮室は艦内を縦に走っているコードの関係で、まともに立ったまま行動できない狭さである。

ふたりが乗り込むと〈伊一六潜〉はすかさず潜航し、両者をつなぐものは電話だけとなった。

山田艦長が電話で横山中尉に次々に艇の状況について質問すると、中からきびきびし

12月７日朝、上空から見た日本海軍が攻撃する直前のハワイ島真珠湾内のフォード島の米軍施設

特殊潜航艇の乗員９名は真珠湾に突入して戦死した。その後９軍神として２階級特進した

た返事が戻ってきた。

「用意よろしい」

「よし。横山、頼むぞ」

「承知しました。横山中尉、発進します」

次の瞬間、今まで連結していた艦と艇との連絡電話がプツンと切れ、艇に送っていたバッテリー充電用の電線も切れた。そして、艇を固縛していた鉄のバンドがガタンと外れると、横山艇は少し浮き上がりぎみに〈伊一六潜〉から離れて前進していった。

山田艦長は、遠ざかっていく横山艇のスクリューの回転音の最後の音が聞こえなくなるまで、緊張した表情で水中聴音器から離れようとはしなかった。

時計の針は三時を少し回っていた。三十分後、二番艇である広尾彰少尉と片山義雄二等兵曹を乗せた特殊潜航艇が〈伊二〇潜〉から湾口に向かって発進した。

さらに三十分後、三番艇の酒巻和男少尉と稲垣清二等兵曹の潜航艇が〈伊二四潜〉から離れた。

四番艇である古野繁美少尉と横山薫範一等兵曹の艇は、これから三十分遅れて〈伊一八潜〉から離れた。

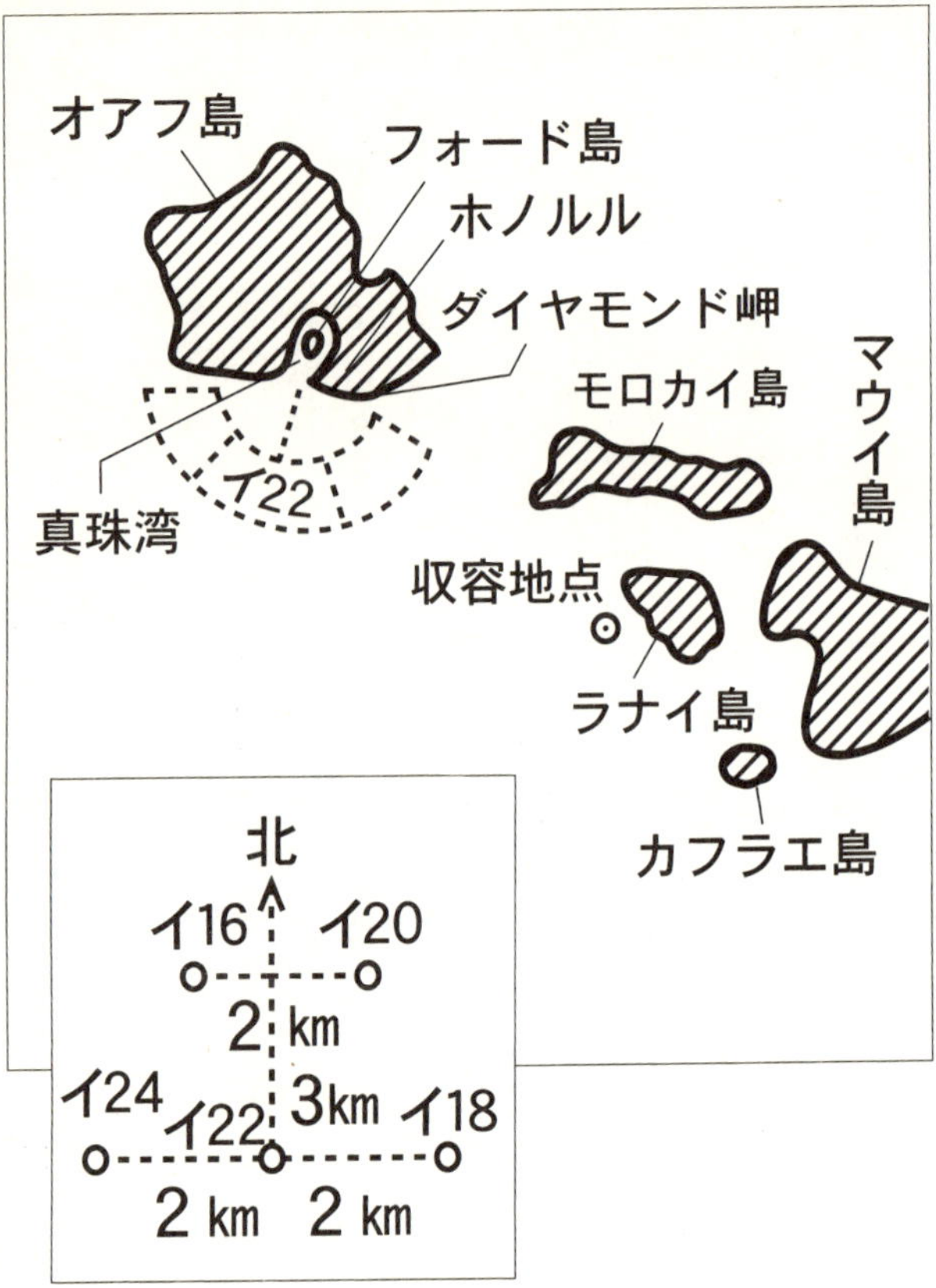
オアフ島
フォード島
ホノルル
ダイヤモンド岬
真珠湾
イ22
モロカイ島
マウイ島
収容地点
ラナイ島
カフラエ島
北
イ16
イ20
2 km
イ24
イ22
3km
イ18
2 km
2 km

搭乗員は日本刀を携えての出撃

最後は、今度の特別攻撃隊の先任搭乗員である岩佐直治大尉と佐々木直治一等兵曹が乗り組んでいる五番艇である。五番艇は第三潜水隊の旗艦である佐々木司令の乗っている〈伊二二潜〉に縛り付けられていた。

先任搭乗員として、佐々木大佐とともに特攻隊員の人選にあたった岩佐大尉は、各艇のしんがりを務めることになっていた。しんがりの発進時間は、一番艇が出た二時間後ということになっていたから、予定どおりの時間表でいけば、一番艇が日の出三時間前の午前三時過ぎに、湾口三〇海里付近から発進しているから、岩佐艇は五時過ぎに発進したわけになる。

当日の空襲は午前七時に計画されていたから、空襲以前に湾口にたどり着ける計算になる。

しかし、岩佐艇までに発進した四艇のどれかが発見されていれば、それからあとに湾内に入る艇は、非常に危険な目に遭うことになる。こういう大きな危険を予想したからこそ、先任搭乗員である岩佐大尉は、しんがりを務めることにしたのであり、はたして事実はそのとおりになった。艇内には各人、日本刀を携えていた。

湾口で発見されて防潜網を下ろされた場合、湾内に入れないときのことを予想し、そういうときには各搭乗員は艇を海岸に乗り上げて自爆させ、この日本刀で斬り込みをやることになっていたからである。

二十年後に海底の特潜一隻を発見

これ以後の各艇の行動については、五艇とも未帰還のため日本側では確認できず、したがって米軍側の戦闘記録によって推定せざるをえない。

とくに、これら特殊潜航艇の存在については、終戦まで日本側では秘密のベールで隠し続けていたため、多くの日本人にとって、その存在は一部に知られていたものの、戦後十五年までは現物さえ見たことがない状態であった。

〈甲標的〉による真珠湾攻撃から約二十年たった昭和三十五年（一九六〇）六月十三日、米海軍真珠湾潜水艦基地からの指令で、アクアラングをつけた潜水訓練要員が湾内での海中障害物除去訓練中、湾口から外に出たキイーラグーンの外側で深海潜水訓練中の学生バッフェル中尉は、海底の砂地に、何か小型潜水艦らしいものが垂直に突っ立ち、艇首を砂に突っ込んでいるのを目撃した、と浮上して教官に報告した。

ジェロー・ギャロウエー教官も直ちに潜水して、それがかつて日本海軍が真珠湾奇襲に使用した特殊潜航艇であることを確認した。

艇は北緯二十一度十七分四十八秒。西経百五十七度五十六分の七十六フィートの海底に直立の姿勢で沈んでいた。魚雷はまだ発射管に装塡されたままだったが、ハッチは開かれていた。米海軍は直ちに引き上げを指令した。

泥土に埋まった暗い室内のパイプは曲がり、ドアは蝶つがいから外れていた。大型モーターも取り付け座から外れ、室内ガラスの破損散乱状態から、この特殊潜航艇は爆雷攻撃で致命的な損傷を受けたものと推定されると、最初に艇内に入って調査した基地首席幕僚のトンプソン大佐は報告した。

しかも内部には、乗員の遺体や文書類は何も残っておらず、骨片や歯の痕跡すら見出せなかった。専門家の言によれば、たとえ二十年の間に人体は溶け去っても、人間の歯は十分その腐蝕に耐えるとのことである。

わずかに残っていたのは、サイダーのびん一本と古びた飛行用半長靴の片方、飛行手袋一つ、ボロボロの戦闘服にスパナなどの工具類数点だった。また、自爆用の起爆薬の塊が艇体に残り、時間信管にはまだ硫黄分が残っていたので、沈艇用爆薬は起爆されなかったことも推定された。

頭部にあった七九〇キロ炸薬を持った二本の魚雷の除去は危険な作業であったため、米海軍はへさきのボルトを艇体から除去し、海底に投棄して引き上げ作業を終了した。

昭和35年7月14日、米軍艦カレントに引き上げられる特潜

真珠湾内で発見された特潜の内部に残されていた遺品類（昭和35年6月13日）

戦後日本に帰ってきた特殊潜航艇

この報告に驚いた日本政府は、ハワイの日本総領事を通じて第二次大戦の貴重な記念品であるため、ぜひ母国に返還されるよう要請した。この申し出は快く受け入れられ、日米間で輸送に関する取り決めも完了したので、海上自衛隊は揚陸輸送艦（ＬＳＴ）〈しれとこ〉を受領にあたらせるためハワイに派遣した。

同艦は昭和三十六年六月十九日に真珠湾へ到着、へさきのない特殊潜航艇を積み込んで母国に向かって帰還の途についた。

日本に帰ってきたこの特殊潜航艇は、関係者の協力で新しい艇首がつくられ、江田島の海上自衛隊術科学校の教育参考館横に定置されて、現在に至っている。江田島は、かつて若い十人の乗り組み員たちがその初期の訓練を受けた所でもある。翌三十七年三月十五日に、むなしく死んでいった勇士の遺族を迎え、盛大な慰霊の式典が行われたが、この艇の乗り組み員は、いったいどこに行ったのであろうか。

もし爆雷が炸裂し、艇内部が損傷したときに内部にいたとしたら、たぶん負傷したであろうし、また、海底に沈没したのち艇から脱出し、海岸まで泳いでたどり着いたとしたなら、乗員はどこに消えたのだろうか。海上自衛隊でも調査を進めていると聞いているが、現在に至っても不明である。

真珠湾奇襲その日の特潜五隻の行動とは

十二月七日、真珠湾口に消えていった特殊潜航艇のその後の行動については、米軍側の記録により、その日の夜明け前の午前三時四十二分、作業中の米海軍小型掃海艇〈コンドル〉に発見されて、第一番に哨戒中の駆逐艦〈ワード〉に通報された艇がある。〈ワード〉は直ちに総員配置について、付近一帯を捜索したが発見できなかった。この艇は時間から横山艇と思われる。同艇はその夜浮上して「奇襲成功」を打電し、その後消息を絶った。

同じく午前六時三十分、哨戒から帰投するＰＢＹ飛行艇に、湾口の防潜網突破中を空中から発見されて発煙弾を投下され、これを引き継いだ〈ワード〉に砲撃されて沈没した艇もある。

さらに午前八時十七分、駆逐艦〈ヘルム〉が湾口を出ようとしたとき、湾口水道の東側に座礁している潜航艇を発見、砲撃したが命中せず同艇はいったん離礁したものの、再び座礁して艇首を破損、魚雷発射不能となったため乗員二名は海中に飛び込んだが、艇長は気を失ったまま海岸に打ち上げられ捕虜第一号となり、もう一人の乗員は翌日死体となって発見された。この艇が酒巻和男艇で、戦死した乗員は稲垣兵曹であった。

同艇は前日深夜過ぎの予定時間に母艦を発進したが、コンパスが故障して正常の方向姿勢で行動することが不可能となり、潜望鏡からのぞく地形を頼りに航行したものの、まもなく駆逐艦〈ワード〉に発見されて爆雷攻撃を受けた。爆雷は命中しなかったが、酒巻少尉らは衝撃で一時意識を失った。

回復後、艇内にガスが充満する絶望状態になっても、彼らは攻撃をあきらめず、湾口に艇首を向けて前進したが、潜望鏡による目視航行のため、まもなく駆逐艦〈ヘルム〉に発見され砲撃を受けた。

不運にもこの地点は水深一〇メートルの岩礁水域であったため、急速潜航した酒巻艇は、艇首を岩礁にぶっつけ魚雷発射が不可能となったうえ、艇内にはバッテリーから電解液が流れ出し、有毒ガスが充満し、さらにバッテリーがあがってしまったため、酒巻少尉は自艇に自爆装置をセットして稲垣清兵曹と泡立つ波間に身をおどらせたが、ハワイ特有の激しいうねり波の中、途中で気を失い、稲垣兵曹の遺体は翌日発見された。

酒巻少尉は人事不省の状態で米陸軍兵士によって発見され、日本軍捕虜第一号となった。放棄された酒巻艇はふたりが離艇後、自沈装置が作動せずいったん離礁して漂流していたが、後日米海軍調査団により発見され、各種文書や海図類が回収された。

この酒巻艇は「リメンバー・パールハーバー」の戦意高揚の参考品として、大戦中ア

米海軍は特潜に爆雷攻撃を加えた

真珠湾口の東側に座礁した特潜・酒巻少尉艇

メリカ国内各地で展示され、現在はキーウエスト・ライトハウス博物館に保存展示されている。

午前八時三十五分、湾内のフォード島北方で、水上機母艦〈カーチス〉にも一隻の潜航艇が発見され、付近の工作艦が協力してこれを砲撃した。すると、この潜航艇も負けずに〈カーチス〉に魚雷を発射したが、魚雷は外れてドックに命中した。同艇は続いて近くに出動してきた駆逐艦〈モナハン〉に魚雷一本を発射したが命中しなかった。〈モナハン〉は魚雷を避けてこの潜航艇に乗り上げ、同時に爆雷を投下して撃沈した。

この特潜は、その後軍港内に新しくつくる埠頭埋め立て用の土砂を海中から採取時に発見され、ひどい損傷状態で回収されて〈モナハン〉の記録が公認された。米海軍は丁重な海軍葬をもって慰霊を行ったあと、二名の乗員の遺体を内部に残したまま、再び埋め立て地に埋没させた。戦死した乗員のうち一名は大尉であったと記録にあるので、この艇は岩佐艇であろう。はからずも岩佐艇は、自艇が攻撃を試みた湾の礎となったわけである。

また、当日の日本機動部隊の攻撃約三時間後の午前十時、猛火の中を湾外に脱出した軽巡〈セントルイス〉は、湾外に待ちかまえていた小型潜航艇を発見、これを攻撃した〈セントルイス〉は潜航艇から魚雷攻撃を受けている。〈セントルイス〉は最大戦速でこ

米国のキーウエスト・ライトハウス博物館に保存されている酒巻艇

特潜・酒巻艇の内部にサイダー、ドロップ、乾パンなどの食料品が残されていた

の魚雷をかわしたが、米軍側の記録によれば、この艇は「撃沈見込み」として処理されている。いずれにしても本艇が、米軍側の発見記録ではいちばん遅い発見の特殊潜航艇であった。以上のように、開戦当日の特殊潜航艇の戦果はないといってよかった。

しかし、湾内に侵入しての決死の攻撃法がアメリカ側に与えた脅威は大きく、開戦当初の日本軍の士気を高揚させたことはまちがいない。

海軍ストーリー
夜間戦闘機〈月光〉、B-29を撃墜

夜間戦闘機〈月光〉はレーダーを装備、〈B-29〉の撃墜王

ハワイ真珠湾急襲攻撃の成功によって、海軍は（二式陸偵）を再び斜め銃つきの制式の夜間戦闘機として採用することになり、昭和十八年八月正式に発令され、初めて〈月光11型〉の名称が与えられた。生産型は、後部座席を廃して複座型となり、上前方に二門、下前方に二門、合計四門の二〇ミリ機関砲を取り付け、上方にいる敵機にしても下方に対しても、いつでも攻撃をかけることができるようにしてあった。

しかし、その後の戦訓の結果、下方の二門は取り外し、上方にあらためて二〇ミリ砲一門を取り付け、結局、斜め銃三門装備の新型〈月光〉が採用となり、十九年十一月〈月光11甲型〉と名づけられた。

この型の後期型は、斜め銃二門だけになり、機首にレーダーを備え、B-29の本土空襲に対する迎撃に奪戦した。とくに厚木を基地とした第三〇二航空隊の〈月光〉夜間戦闘機は、関東・中部方面で活躍して名を上げた。

この部隊の遠藤大尉は、ラバウル夜戦の経験を生かして、B-29十数機の撃墜記録を樹立、〈月光〉によるB-29撃墜王といわれた。

海軍ストーリー
夜間戦闘機〈月光〉と斜め銃

間に合わせの斜め銃が一～二分間に大型爆撃機二機を撃墜

昭和十三年夏、海軍は〈九六陸攻〉の長距離爆撃行を援護するため、双発長距離重戦闘機を計画した。この機体は十六年三月に完成したが、名戦闘機〈零戦〉の影に隠れて性能はパッとしなかったので、海軍側は陸軍の〈一〇〇式司偵〉に相当する〈二式陸上偵察機〉として採用、昭和十七年の夏から十八年の夏にかけて生産し、ニューギニア、ラバウル方面の各基地にかなりの数を分散配置して、長距離索敵のほか、零戦部隊の誘導、基地間の連絡など、広い範囲に使用した。

昭和十八年の春、ブイン駐在第二五一航空隊の司令であった小園安名中佐は、この〈二式陸偵〉の後部座席に、二〇ミリ機関砲二門（海軍では二〇ミリ銃と称していた）を上斜め前方に三〇度の角度をつけて固定し、敵の大型爆撃機を下から狙い撃ちする、間に合わせの夜間戦闘機を二機つくった。

これによって、同じ年の五月に夜間来襲したコンソリデーテッドB－24を探照灯の援護照射によって、わずか一～二分の間に二機撃墜し、さらに六月にはボーイングB－17爆撃機も同じ戦法で撃墜した。

〈月光〉の胴体上下に取り付けられた20㎜斜め銃２丁

夜間戦闘機「月光」

日本海軍の長い槍(ロングランス)

九三式酸素魚雷

日本海軍の切り札ともいえる魚雷

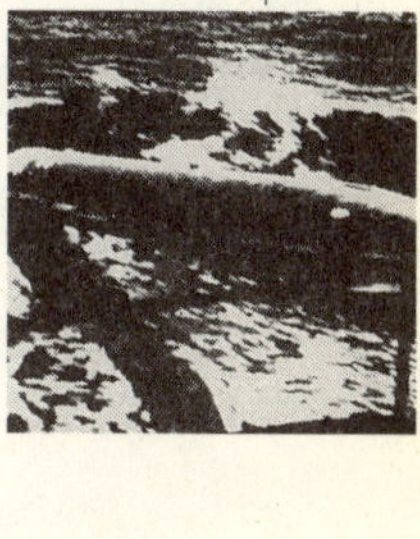

昭和十六年十二月八日、太平洋戦争はハワイ真珠湾攻撃によって始まった。あの、狭く浅い湾内に雷撃機によって発射された魚雷が、海底に着くことなく目標艦を次々に餌(え)食(じき)にした。翌々日の十二月十日にはマレー半島沖で、英国海軍が不沈戦艦と誇った〈プリンス・オブ・ウェールズ〉と〈レパルス〉両艦を日本海軍攻撃機が雷撃し、たった数本の魚雷で海底に消し去ったことは、戦法を一変させるものとして全世界を唖(あ)然(ぜん)とさせた。

しかし、これらはまだ航空用の空気魚雷の戦果であり、日本海軍の虎の子酸素魚雷はまだ戦場にその姿をあらわさず、魚雷に関してはまだまだ小手先の戦いだった。

酸素魚雷が、神秘のベールを脱いで太平洋上に姿をあらわし、その真価を発揮したのは昭和十七年二月二十七日のスラバヤ沖海戦だった。

日本艦隊の巡洋艦から発射された酸素魚雷は、信じられない遠距離から雷跡も残さず

魚雷発射管から発射された〈93式酸素魚雷〉

日本の魚雷開発の歴史

採用年度		型　式	直径 cm	全長 m	全重量 kg	雷速 ノット	射程 m	炸薬量 kg	原動力	
西暦	日本									
1884	明17	88式	35.5			22	400		空気	巡・駆
1897	明30	30式	45						空気	〃　〃
1902	明35	32式	35						空気	〃　〃
		32式	45						空気	〃　〃
1911	明44	44式	53						空気	〃　〃
1917	大6	6年式	53	6.84	1,430	37	7,000	205	空気	〃　〃
1919	大8	8年式	61	8.41	2,340	38	10,000	345	空気	〃　〃
1929	昭4	89年式	53	7.15	1,625	45	5,500	295	空気	〃　〃
1930	昭5	90年式	61	8.55	2,540	42	10,000	390	空気	〃　〃
1931	昭6	91式改1	45	5.27	785	42	2,000	150	空気	航空機
		91式改2	45	5.47	838	42	2,000	205	空気	〃
		91式改7	45	5.47	1,055	42	1,500	420	空気	〃
1932	昭7	92式	53	7.15	1,720	30	7,000	300	電池	潜水艦
1933	昭8	93式1型	61	9.00	2,700	40	32,000	490	酸素	巡・駆
		93式3型	61	9.00	2,800	40	25,000	800	酸素	〃　〃
1935	昭10	95式1型	53	7.15	1,655	49	9,000	405	酸素	潜水艦
		93式2型	53	7.15		49	5,500	550	酸素	〃
1943	昭18	2式	45	5.60		39	3,000	350	空気	特　潜

高速で走り、軽巡二、駆逐艦三隻の敵艦船を撃沈、または大損害を与えたのである。

このとき敵側は、彼我（ひが）の距離がとうてい魚雷の届く距離とは考えられず、まさか魚雷による攻撃とは思わず、至近距離からの潜水艦による攻撃か、あるいはこの海面まで日本海軍が進出して、ひそかに機雷をまいておいたのかと、非常に不思議がった。

あとで日本海軍の魚雷攻撃であることがわかっても、雷跡が全く認められず、また高速の点や爆発力のものすごさに疑問を抱き、半信半疑であったという。

自分の国の魚雷と比べて考えるなら、その疑いは無理のないところである。

また戦争末期、南アフリカにほど近いマダガスカル島の沖合でも、イギリス巡洋艦を、一発の酸素魚雷で船体を真っ二つにしたこともある。これは戦時中の経験に基づいて、馳走力よりも炸薬量に重点を置いた結果、これまでの二倍の炸薬を持つ〈九三式3型〉（炸薬八〇〇キロ）魚雷の威力を示したものである。

世界水準の二倍以上の威力を誇る日本の魚雷

当時米、英、独、伊、各海軍の魚雷は比較表のように、いずれも似たりよったりで、日本の魚雷に比べると、その性能はとても問題にならなかった。後進国である日本海軍が、世界の強大海軍国を引き離し、魚雷の研究製造に十年余の差をつけた技術は高く評

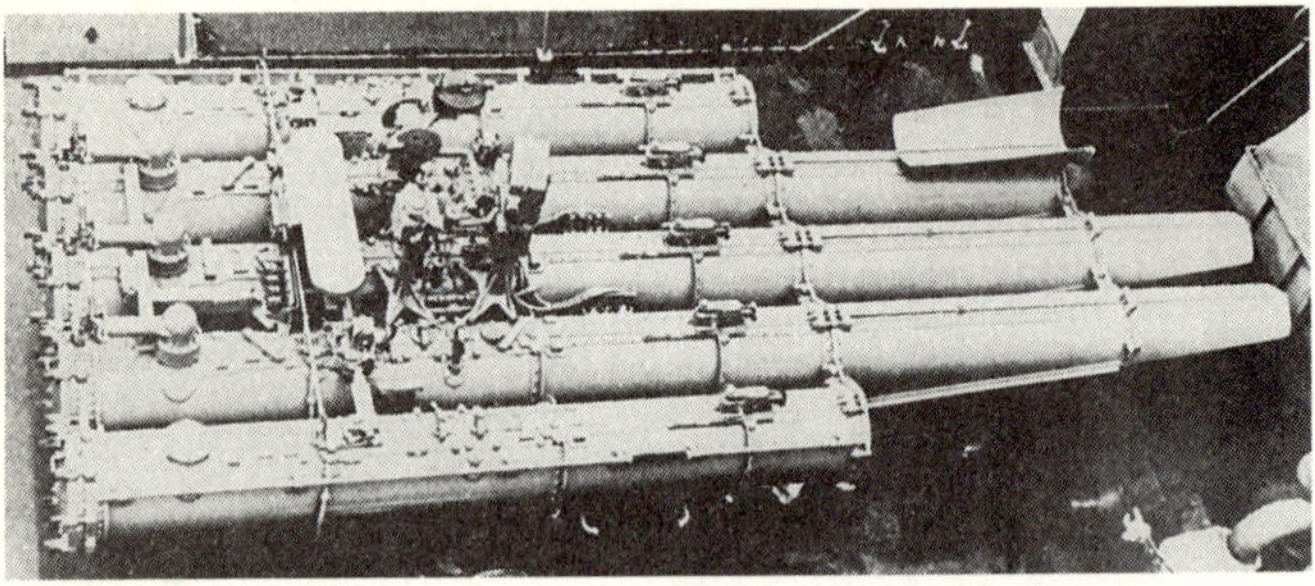

巨大な連装魚雷発射管

各国艦艇用魚雷性能を比較した表

国　名	直径 cm	雷速 knot	射程 m	炸薬量 kg	名称
日　本	61	50 40 36	20,000 32,000 40.000	500	93式
	53	49 42	9,000 15,000	400	95式
アメリカ	53	48 32	4,000 8,000	300	
イギリス	53	46 30	3,000 10,000	320	
ドイツ	53	44 40 30	6,000 8,000 14.000	300	
イタリア	53	50 40	3,000 8,000	300	

価されてよく、酸素魚雷の出現こそ、日本の科学技術が世界の水準をひときわ抜いていたことを示す現実の証拠といってもいいすぎではない。

列強各国が直径五三センチの魚雷をつくっていた昭和六年に、日本の技術陣はすでにそれよりもひと回り大きい六一センチの水上艦艇用の〈九〇式魚雷〉を開発して、実用化していた。

わずか八センチの差が、魚雷の生命ともいえる炸薬量、つまり爆発力を二倍以上にしたケタ違いの威力を秘めていたのである。

この画期的な新式魚雷は、採用されると早速長良型の軽巡洋艦と睦月（むつき）型の駆逐艦に搭載された。大正十年に締結されたワシントン軍縮条約によって、主力艦の保有量を制限された日本としては、駆逐艦などの補助艦艇の戦力を強化し、戦艦の不足を補わなければならなかったのである。

それまでのものより二倍の威力を持った六一センチ魚雷の出現は、水雷戦隊に自信を与え、さらに、その後に行われた技術者たちの「質的向上」の血のにじむ努力によって、日本の魚雷は太平洋戦争で猛威をふるい、全世界を驚かせたのであった。

〈93式魚雷〉の機関部

呉海軍工廠内の魚雷試験場でテスト発射される〈酸素魚雷〉

独創的なアイデアから生まれた酸素魚雷

日本の魚雷は、後部におさめられた往復ピストン・エンジンで石油を噴霧状態にして、これに普通の空気を混ぜて着火させ、それからしだいに酸素の混合比を増し、純酸素に切り替えるところに独創的なアイデアが秘められていた。

物が燃えるときに空気が必要なことは当然である。そのため、普通魚雷の容積の半分は、動力素である空気が詰められた空気室で占められている。その空気も、二〇〇気圧に圧搾されているが、実際に燃焼に必要なのは、空気の体積の五分の一にすぎない酸素だけで、残りの五分の四は不活性の窒素であるため、これを取り除き、純酸素だけを空気室に入れることができれば、理論の上からいくと空気よりも五倍も燃焼させることができるはずであった。そのため世界の海軍は、争って酸素魚雷の開発に打ち込んだ。

ところが、酸素だけを動力素として発火させると、どんなことをしてもたちまち魚雷そのものが大爆発を起こしてしまい、理論上ではわかっていても解決の方法はなんとしてもできなかった。そのため、各国は次々と開発を断念していった。

その中でイギリス海軍だけが、辛砲強く研究を続け、どうやらそれらしい物をつくり上げたが、結局は失敗して中止しなければならなかった。

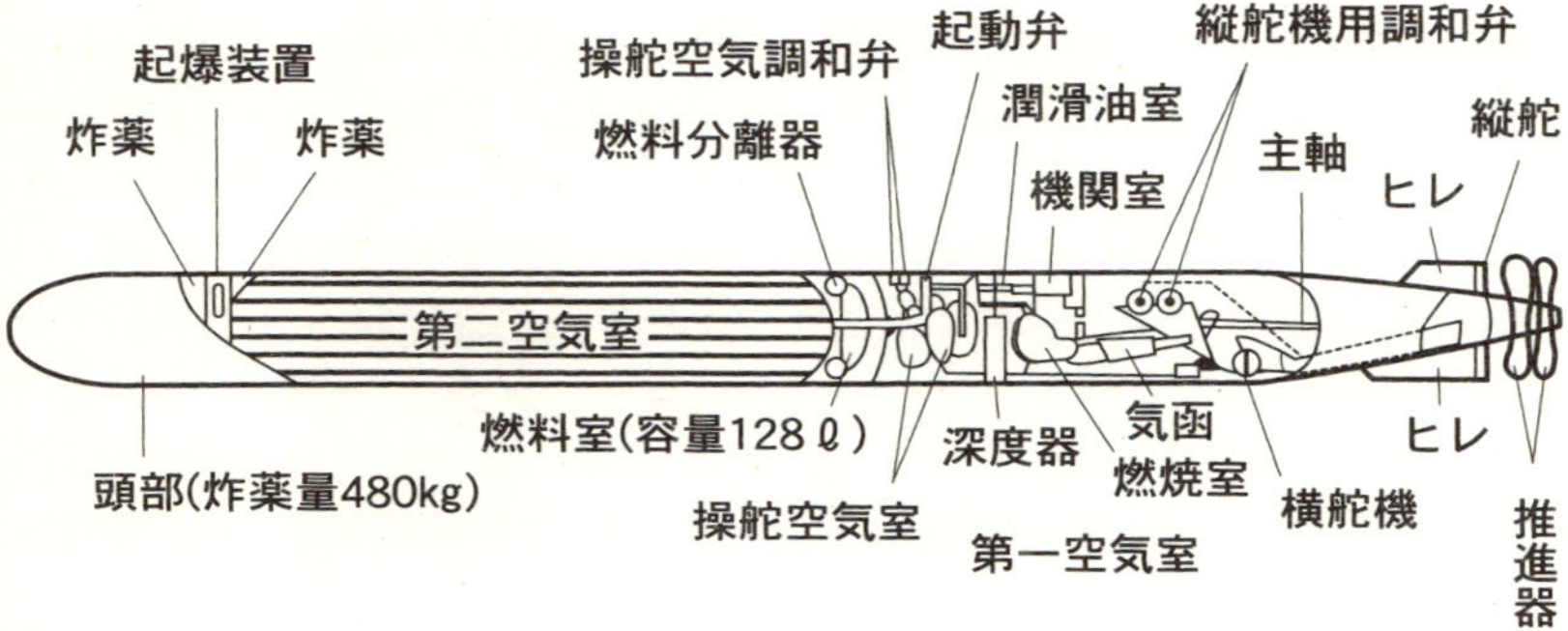
起爆装置
炸薬
炸薬
燃料分離器
操舵空気調和弁
起動弁
潤滑油室
機関室
縦舵機用調和弁
主軸
縦舵
ヒレ
第二空気室
燃料室(容量128ℓ)
頭部(炸薬量480kg)
操舵空気室
深度器
気函
燃焼室
第一空気室
横舵機
ヒレ
推進器

酸素魚雷の構造図

日本海軍も彼らと同じだった。日本での空気と酸素の混用魚雷の初めての実験は、大正五年に横須賀海軍工廠で行われたが、数回にわたる実験も爆発事故を起こし、成功の兆しを見ることなく失敗に終わり、開発は中止されていた。

しかし昭和四年、艦政本部の第一部第二課（機雷、魚雷、掃海兵器担当）から、「これまでの挫折により中止されていた酸素魚雷の研究を再開せよ」と呉工廠の魚雷実験部に命令が下された。

血のにじむような開発が、またも始められたのである。

本格的な酸素魚雷研究に多くの人が力を入れた

当時呉海軍工廠では、のちに〈九〇式魚雷〉と名づけられた六一センチ、四二ノット、射程一万メートル、炸薬量四〇〇キロの、三菱重工業の長崎兵器製作所では、のちに〈八九式魚雷〉と名づけられた五三センチ、四五ノット、射程五五〇〇メートル、炸薬量三〇〇キロの魚雷が、それぞれ実験されていた。

早速研究が始められたのが空気五〇％、酸素五〇％の原動力素で、三八ノット、射程二万メートルに及ぶ遠距離魚雷であった。数年にわたる実験により、初めは空気魚雷と同じく空気と燃焼を化合させて着火し、あとから純酸素を少しずつ濃くして送り込む方式を取れば、酸素魚雷のいちばんの難点である着火時の爆発を防止できることがわかってきた。これは大きな発見であった。

昭和六年、岸本鹿子治海軍中佐（のち少将）が、艦政本部第一部第二課長に着任して、とくに酸素魚雷と特殊潜航艇に力を入れ始めた。設計主任には艦政本部の水雷技師朝熊利英造兵中佐（のち技術中将）があたり、呉工廠魚雷実験部の大八木静雄中佐（のち技術少将）が実験を担当し、民間では東大航空研究所の長井雄三郎教授らが協力した。

ここに原動力素の空気にかわる酸素、つまり酸素魚雷の研究が本格的に始まったのである。

そのころの関係部員たちは、だれひとり官舎へ帰る者はなく、全員泊まり込みで文字どおり寝食を忘れて酸素魚雷追求の日々を送ったという。

実験に使われた酸素は、大正七年に創立されたわが国最大のメーカー〝日本酸素〟が、海軍の依頼で呉工廠水雷部の魚雷試射場に、酸素発生用の小工場を完成させて実験用の酸素を供給したが、同社から子会社に部品発注の場合でも、詳しいことはいっさい教えないほど、その機密保持に徹底した。

もちろん、魚雷に酸素を使うのは世界でただ一つ、日本海軍だけであったから、これは極秘で、そのためわざと「酸素」の文字を避けて「第二空気」ということばで代用した。機関の冷却には海水を内部に導入し、これを循環排出して清水タンクの容積だけ燃料を増やすことも研究された。

日本海軍の夢、〝無航跡〟の〈九三式魚雷〉の開発成功

朝熊中佐の設計である純酸素＋石油＋海水の方式を用いた試製魚雷Aは昭和七年、ついに実験に成功した。いよいよ待望の酸素魚雷へ大きく一歩進み、昭和八年に完成。ここに日本海軍は、二十年来の夢であった酸素魚雷の開発に、ついに成功したのである。時に、神武天皇の即位年を紀元とする皇紀では、昭和八年は二五九三年にあたったため、この画期的な兵器は、皇紀年数の下二ケタを取って〈九三式魚雷〉と名づけられた。三年前のロンドン条約で巡洋艦と駆逐艦を、また、それより九年前のワシントン条約で戦艦の保有を制限されていた当時、〈九三式魚雷〉登場は、海軍にとってもっとも大きな期待となった。

昭和十年、瀬戸内海で水雷学校の発射訓練が行われたときは、重巡〈鳥海〉が〈九三式魚雷〉を発射した。予想どおりこの魚雷は、ほとんど気泡が出なかった。

ブクブクと窒素を放出しながら走る従来の空気魚雷と違い、無航跡の酸素魚雷は敵に発見されない利点があった。もっとも、水蒸気と水に溶けにくい炭酸ガスを少し放出するため、まったく跡を残さないわけではなかったが、今までの空気魚雷と比べれば雷跡

の発見は困難となり、数倍も隠密性があった。

海上戦法を根本から変えた酸素魚雷の登場

さらに、〈九〇式魚雷〉が四二ノットで七〇〇〇メートルの航続力に対して、酸素魚雷は三倍の二万メートル以上をらくに航走することができた。速力を三六ノットに落とすなら四万メートルも走ることができ、当時の戦艦の主砲よりも長い射程を持つことになった。

それ以後、毎年極秘のうちに艦と兵との猛訓練が行われた。秘密を守るためには海軍部内でさえ性能の数値を割引して呼称した。

酸素魚雷の登場は、それまであった海上戦の思想を根本から変えずにはおかなかった。日本海軍では戦艦どうしの砲撃戦が始まる直前に、先陣をいく水雷隊が、自慢の長射程魚雷を発射して敵戦艦に命中させ、最初の遭遇で主力を撃破する「長槍戦法」が計画されたのもその一例であったが、太平洋戦争では、この戦法を実行するチャンスは訪れなかった。

こうして昭和六年に生産を始めた〈九〇式魚雷〉（空気魚雷）は、昭和十一年に終止符を打ち、かわって酸素魚雷は量産に入り、同年海軍制式兵器に採用された。そして、昭和十三年から逐次連合艦隊の巡洋艦、駆逐艦の全部に供給された。

なお、五三センチの酸素魚雷は三菱重工業KK長崎兵器製作所に設計研究試作が発注され、同所の福田由郎工学博士が主となってこの研究にあたり、二年遅れて兵器に採用されて、昭和十五年ごろから全潜水艦に供給された。これが潜水艦用の〈九五式魚雷1型〉である。

〈九五式〉は、〈九三式〉より全長が二メートル短いが、酸素の量は二二〇キロとほとんど変わらない。艦内の狭苦しい潜水艦には、六一センチのようなキングサイズは無理だったからである。

昭和九年に特殊潜航艇がつくられ、同時に潜水母艦〈千歳〉が起工された。特殊潜航艇には、艦首に小型の四五センチ魚雷二本を装備することになっていた。

もちろん、これも酸素魚雷であった。この四五センチ魚雷は、〈九五式〉よりもさらに二年遅れて、昭和十二年に完成した〈九七式魚雷〉で、炸薬量は三〇〇キロであった。〈九五式〉の四〇〇キロに比べれば、やや劣るのは小型艇だけにしかたがないが、直径が八センチも大きい〈八九式空気魚雷〉より炸薬量が多いことは注目に値する。これは、特潜が思い切って目標に肉迫する兵器であったため、ほかの要素を犠牲にしても必殺の効果を狙ったからである。

同じ四五センチでも、電撃機用の〈九一式〉は空気魚雷であった。目標上空から数百

日本海軍の〈甲標的〉と45cm〈97式魚雷〉がシドニー戦争記念館前に展示されている

メートルまで接近して落とす航空魚雷には、取り扱いの面倒な酸素式を使う必要がなかった。

そして〈九七式〉は、始めから特潜艇首の発射管に装塡されており、〈九五式〉のように敵を発見してから装塡するのとは違っていた。

連合軍攻撃に威力を発揮

太平洋戦争での酸素魚雷は、早くも開戦の第一日目に登場した。ハワイの真珠湾に侵入した特殊潜航艇から発射された〈九七式酸素魚雷〉二本が、時間的に見て兄貴分の〈九五式〉〈九三式〉の五三センチや六一センチ魚雷よりも先に初陣を飾ったのである。

半年後、英戦艦〈ラミリーズ〉をマダガスカル島港内で撃破したのも特潜の〈九七式〉であった。この港をフランス海軍から奪って喜んだばかりの英海軍も、たちまち恐怖のどん底に突き落とされた。

また特殊潜航艇の酸素魚雷は、十七年十一月二十八日、ガダルカナル島沖でも米運送艦〈アルキバ〉を大破させている。

なお、昭和十九年以降、特殊潜航艇にも魚雷艇用の〈簡易二式魚雷〉が使われた。これは空気式だが、炸薬量は三五〇キロに増加している。

日本海軍の魚雷が命中、海中に没したオランダ駆逐艦〈コルテノール〉

〈九七式〉に比べると、水上艦艇用の〈九三式〉の初陣はやや遅れ、昭和十七年二月二十七日のスラバヤ沖海戦が、〈九三式魚雷〉が大規模に使われた海戦であった。

しかし、この海戦は日本海軍得意の夜戦ではなく、昼間から夕刻にかけての最初の海戦では、〈那智〉〈羽黒〉の重巡勢をはじめとして第二水雷戦隊（旗艦〈神通〉）、第四水雷戦隊（旗艦〈那珂〉）などが合計百二十一本もの魚雷を発射したものの、戦果は〈羽黒〉の魚雷が、オランダ駆逐艦〈コルテノール〉を沈めただけであった。

その原因は、陸が近いために浅く射った魚雷の起爆装置の感度が鋭敏すぎたためであった。走りかけた魚雷は、ちょっとしたショックですぐに爆発してしまったのである。夕闇の迫る海上に、突然次々に上がる水柱。それは、発射した日本駆逐艦のマストより五倍も高く、一五〇メートルにも及んだという。

この爆発を、日本側では敵の大口径砲による射撃と判断した者や、敵の管制機雷が爆発したのだと判断した者もあり、この誤った判断が、日本艦隊の突撃を断念させ、中途半端な攻撃に終わらせたのであった。

しかし、三時間後に行われた夜戦では、〈九三式魚雷〉は汚名を挽回し、驚くほどの威力を発揮したのである。

距離は八〇〇〇メートル、敵をほとんど右舷真横に見て、〈那智〉が八本、〈羽黒〉が四本の魚雷を発射した。すでに戦闘は開始されてから九時間もたち、貴重な魚雷もあまり残っていなかった。

発射してから約六分ののち、〈九三式魚雷〉は敵の四番艦オランダ軽巡〈ジャバ〉と、同じく先頭を行く旗艦の軽巡〈デ・ロイテル〉の舷側を捕らえ、目もくらむばかりの閃光と水柱を立ち上らせた。オランダの名将カレル・ドールマン少将は戦死し、乗員は立ち上る紅蓮の炎に追われて艦の前部へ逃げようとしたが、まもなくこの二隻は、スラバヤの海にその姿を没したのである。

二番艦の英軽巡〈パース〉、三番艦の米重巡〈ヒューストン〉は、オランダ艦の乗員の救助を考えずに遁走（とんそう）してしまった。

米艦隊と日本軍の物資補給艦隊がルンガ沖で遭遇

昭和十七年十一月三十日のルンガ沖夜戦は、〈九三式酸素魚雷〉がもっとも活躍した戦いである。

ガダルカナル島の守備隊に、物資補給のため派遣された田中頼三少将指揮の第二水雷戦隊の駆逐艦八隻をガダルカナル島北西岸の海面で待ち受けたのは、C・Hライト少将指揮の重巡四、軽巡一、駆逐艦六隻から編成された米艦隊であった。

三十日の午後十一時過ぎ、駆逐艦四隻を前衛に、二隻を後衛に配した米艦隊は、南下する日本艦隊をレーダーで捕らえたが、日本艦隊の背景に島影があり、レーダーが鮮明でなかったことから、ライト提督の前衛駆巡艦に対する魚雷攻撃命令が遅く、発射された魚雷は日本艦隊を捕えることができず、慌てた巡洋艦部隊が砲火を開いた。日本艦隊は、そのときまで米艦隊が付近にいることを知らなかったから、寝耳に水のレーダー射撃であった。

このような突然の奇襲を受けた場合は、普通なら周章狼狽するところを知らず、算を乱して敗走するのが通例であったが、一年半にわたって夜戦と襲撃運動に訓練と実戦を重ねてきた田中部隊にとって、この奇襲は別に驚くことではなかった。間髪を入れず敵艦の閃光を認めた田中部隊は、魚雷攻撃に転じるため左舷一斉回頭を行い、二四ノットの高速で反転した。

米艦隊の恐怖は闇夜の姿の見えない魚雷攻撃

前衛として哨戒任務にあたっていた駆逐艦〈高波〉だけは、犠牲となって敵砲火を引き付けるため、ひとり一二・七センチ砲で応戦した。

残りの七隻は、甲板から食糧の入ったドラム缶の投下作業を中止、同航の敵を左舷に見たまま、〈長波〉を旗艦とする第二水雷戦隊の司令官田中頼三少将は、わざと大砲を

ルンガ沖夜戦の闇夜に日本の魚雷攻撃で炎上する米艦隊

使わず、魚雷だけで応戦した。

大砲と違って、魚雷は発射時の閃光と轟音がないのが利点だった。日本艦隊は、暗夜に自己の姿を見せることなく敵に応戦したのである。

この賢明な策が、残りの七隻を救ったのである。

距離七五〇〇メートルで発射した魚雷は、先頭を行く重巡〈ミネアポリス〉に二本、〈ニューオリーンズ〉〈ペンサコラ〉に各一本と三隻を次々と捕らえ、たちまちのうちに火柱を上げて大破させた。

実に鮮やかな、水際だった戦いぶりであった。魚雷を発射したあと、直ちに日本艦隊は左舷へ一斉回頭し、二四ノットの高速で退却した。

転蛇後、今度は〈巻波〉〈親潮〉の二隻が八本の魚雷を撃った。日本駆逐艦は物資補給作戦のため、いずれも予備魚雷は積んでいなかったから、一発撃ったらもう魚雷はない。この八本のうち、二本が旗艦の重巡〈ノーザンプトン〉に命中、これを一撃のもとに轟沈した。

米艦隊は、キツネにつままれたようだった。レーダー・スクリーンに日本艦隊を捕らえても、姿も見せずにどこからか突進してくる魚雷には、まったく手も足も出なかったのである。

ソロモン水域で〈伊19潜〉の雷撃を受けて炎上する米空母〈ワスプ〉

酸素魚雷が米軍側に捕らえられた

この戦いでの日本側の損害は、わずかに〈高波〉一隻だけであった。これ以後米海軍は、日本の魚雷を極度に恐れるようになったが、ガダルカナル島北岸の砂浜に乗り上げた〈九三式魚雷〉が米軍に捕獲され、酸素魚雷のしくみが米軍側に判明したのもこのときであった。

このときまだ米海軍は、日本海軍の〈九三式酸素魚雷〉の実物を入手していなかったから、米海軍は高価な重巡四隻を犠牲にして、ようやく〈九三式魚雷〉を手に入れたことになる。

太平洋戦争中、酸素魚雷の犠牲になった米艦を挙げてみると——空母〈ワスプ〉撃沈。〈サラトガ〉は二回にわたり損傷、〈ホーネット〉もとどめを刺されており、十七年八月九日の第一次ソロモン海戦では、一挙に巡洋艦〈クインシー〉〈ビンセンス〉〈アストリヤ〉〈キャンベラ〉を失ったほか、巡洋艦で沈没したのは、〈ヘレナ〉〈ノーザンプトン〉〈アトランタ〉〈インディアナポリス〉〈ジュノー〉がある。ことに〈ジュノー〉は酸素魚雷一本で撃沈された。

駆逐艦を沈められたものはさらに多数に上り、戦艦〈ワシントン〉〈ノース・カロラ

ルンガ沖海戦で付近の砂浜に乗り上げた日本軍酸素魚雷

イナ〉〈サウス・ダコタ〉も一九四二年の末ごろ、ガダルカナル島沖で、もう少しのところで、酸素魚雷の餌食になるところであった。

驚くべき戦果は戦史に残るもの

ことに戦艦〈ノース・カロライナ〉の酸素魚雷による損傷は、米海軍にとって思ってもいなかった不慮の災害であった。

昭和十七年九月十五日、日本海軍の〈伊一九潜〉は、この日ガダルカナル島東方約二〇〇海里、ニューヘブライズ列島との中間に、南西から北東に一線に並んだK散開線（数隻の潜水艦が各二〇海里の間隔で並ぶ）のちょうど中央にいた。

同艦は午前九時五十分、水中聴音機で集団音を聞いた約一時間後、北東一五キロに潜望鏡で敵の機動部隊を発見した。〈伊一九潜〉では直ちに総員配置につき、魚雷戦用意が下令され、潜航のまま増速して敵方に進出していったところ、思いがけない幸運が転がり込んできた。敵機動部隊は急に日本側に変針して近寄ってくるのである。しかも、〈伊一九潜〉の目の前を横切って航行する絶好の目標は大型制式空母であった。

潜水艦長木梨中佐は小踊りして肉薄し、距離九〇〇メートル、方位角左五〇度の一発必中射点で、全射線六本の〈九五式酸素魚雷〉を発射した。

そして四本の命中音を聞いたが、まもなく接近してきた敵駆逐艦に見つけられ、急速潜航したものの約八十発の爆雷攻撃を受けたため効果を確認できなかった。

しかし、偶然にも北隣の散開配備点にいた〈伊一五潜〉艦長石川中佐は、火災中の大型空母と巡洋艦の二隻と駆逐艦数隻を発見してその沈没を確認し、次の電報を打ってきた。

「味方航空部隊の攻撃により地点……に漂流中の大火災の空母（エンタプライズ型）一隻は左に大傾斜し、一八〇〇沈没せり」

戦後米国の発表した資料によると、本電報の「味方航空部隊の攻撃」は〈伊一九潜〉の電撃であり、「エンタプライズ型空母」は大型空母〈ワスプ〉であった。

以上のような巡洋艦二隻、駆逐艦数隻で護衛された警戒厳重な敵機動部隊を襲撃して、その戦果を確認できたことは非常に珍しい例であり、この〈伊一九潜〉の発射した六本の魚雷は、〈ワスプ〉撃沈のほか、さらに新型戦艦一隻大破、駆逐艦一隻撃沈の大戦果を上げていたことが、戦後米国の戦史によって明らかになった。

強力な秘密兵器の酸素魚雷

米空母〈ワスプ〉に命中した魚雷の爆発音は、当時〈伊一九潜〉では四発を聞いているが、正確には命中雷数は三発であり、〈ワスプ〉の前方を通過した残りの三本は、なんと現場を約五マイルも離れた東方を航行中の空母ホーネット隊に到達し、米国の虎の子の新鋭戦艦〈ノース・カロライナ〉に一本命中し、さらに護衛中の駆逐艦〈オブライエン〉に命中していたのである。

〈ノース・カロライナ〉は大破し、戦列から落伍したが、二隻の駆逐艦に護衛されてタンカタブに回航後、真珠湾に帰投して修理された。しかし不運な〈オブライエン〉は、ニューヘブライズ群島のエスピリサント根拠地で応急修理してから、ニューカレドニアのヌメア港でさらに工作艦で修理を加え、米西岸に向け同港を出港したが、修理不十分のため十月十九日サモア群島の沖でついに沈没した。

米国側の記録によると、当時二隻の日本の潜水艦から攻撃されたとあるが、当時この付近で米軍に攻撃をかけた潜水艦は〈伊一九潜〉しかなく、戦後防衛庁戦史室の調査で、〈伊一九潜〉一隻の六本の魚雷の一本が、約五マイル前方の米機動部隊の中に飛び込み、二隻を撃破したことが明らかになった。

この米軍にとって恐るべき酸素魚雷こそ、戦艦〈大和〉〈零式艦上戦闘機〉とともに、日本海軍が第二次大戦に登場させた強力な秘密兵器の一つといえるであろう。

米空母ワスプを撃沈した酸素魚雷発射管 6 門を持つ〈伊19潜〉

世界を揺るがした巨砲

四六センチ砲・九一式徹甲弾・三式弾

海軍国日本は建艦競争を演じた

日本では弩級戦艦といえば、文字どおりの鉄の城のようなデッカイ戦艦を思い浮かべることができるが、弩級とは正式には明治三十九年（一九〇六年）に進水した英海軍の〈ドレッドノート〉に匹敵する戦艦であり、特徴は一八センチから三〇センチ砲を八門から十二門装備したことである。

これに対し、三四センチから四〇センチ砲を八門から十二門装備した戦艦を超弩級と呼んだ。

その後、四六センチ砲を九門も搭載した〈大和〉や〈武蔵〉があらわれた。これは超々弩級艦ともいうべきだろう。

日露戦争で、ロシアは有力な海軍を持ちながらも、その戦略を誤まったため日本海軍の前に屈服し、その反対に日本は、世界の一流海軍国にのし上がった。

次いで第一次大戦でドイツ海軍が滅びたあと、イギリス海軍は世界に雄飛する最強の偉容を誇り、アメリカも海軍に力を注ぎ、ライバルのイギリスに対抗できる陣容を整えていた。

この結果、英・米・日は世界の三大海軍国となり、盛んな建艦競争を演じることになり、艦型の増大、性能の増進、兵器の改良を促進させたのであった。

しかし、ワシントン会議（一九二一年）、ロンドン会議（一九三〇年）と度重なる軍備制限による軍縮条約により、英米の圧力は日本に向けられたため、とうとう日本は昭和七年に国際連盟を脱退し、無条約による新軍備の建艦計画を実行することになった。

新軍艦建造計画は極秘裏に進められた

こうして計画されたのが四六センチ（一八インチ）主砲を持つ新戦艦で、当時の艦政本部長は海軍大将中村良三、同じく第四部長（造艦）は技術中将山本幹之助で、基本設計主任が造船大佐福田啓二（のち海軍技術中将）であった。

さらに嘱託（しょくたく）として、軍艦設計では神さまといわれた平賀譲博士（のち造船中将）が依頼されて、終始熱心な助言を与えていた。

このほか造船部門では竜三郎、牧野茂、松本喜太郎（当時は技術大佐）、技師として岡村博、土本卯之助、今井信男の各氏が参画した。

造機関係では渋谷隆三郎（のち海軍中将）、近藤一郎（造機少将）、永井安武、造兵関係では菱川万三郎（のち技術中将）、秦千代吉技師があたり、甲板（アーマー）関係では呉海軍工廠製鋼部の佐々川清大佐（のち技術少将）が協力して設計に従事し、この大艦設計の完成に心血を注いだのであった。

呉海軍工廠では同時に試作中の砲を完成して試験を重ね、次期砲の製作に関する要素を把握し、巨砲の製作に着手した。

この主砲について軍令部は、当初の計画どおり二連装四基を要求したが、設計が進むにしたがい、トン数がやや増大したので、しかたなく三連装三基としたのであった。艦型がやっと決定されると、艦政本部をはじめ関係各部は、この建造に関する諸準備をひそかに開始し、万端きわめて極秘裏に計画が進められたのであった。

四六センチ砲搭載の戦艦の威力は巨大なもの

昭和十一年十二月に、ワシントンとロンドン両条約による軍備に関する条項が無効になるのを待って、〈大和〉は翌十二年、呉海軍工廠第一ドックで、〈武蔵〉は十三年、長崎三菱造船所で起工され、当事者の努力によって予想以上に迅速、また能率的に工程が進められ、〈大和〉は十六年末、〈武蔵〉は昭和十七年八月に竣工して太平洋戦争に

世界最大の大きさを誇った戦艦〈大和〉

海上をゆく〈戦艦大和〉

参加した。

〈大和〉〈武蔵〉の四六センチ三連砲塔の直径は一三メートル八七センチもあり、その重量はなんと二五六五トンもあり、大型駆逐艦や大型潜水艦の排水量にも匹敵するほどの巨大なものであった。四六センチ砲弾の砲口での初速は七八〇メートル／秒、音速の約二・三倍で、F－4〈ファントム〉ジェット戦闘機の巡航速度の約二倍に相当した。〈大和〉の四六センチ三連装三基九門から、三十～四十秒ごとに吹き出される一斉射撃のエネルギーは、六〇ワットの電灯一万三〇〇〇灯を一時間も点灯するのに十分な電力量に等しく、撃ち出される四六センチ砲弾の破壊力は二万メートルの距離では厚さ五五センチの垂直鋼板、または厚さ一九センチの水平甲板を貫徹することができた。

その弾丸の到達できる最大射程は四万二〇〇〇メートルで、もし東京駅から発射すれば藤沢、八王子、木更津に至る距離に相当し、弾着までの所要時間は九十八秒であった。まさに〈大和〉〈武蔵〉の狙いは相手の主力艦をアウト・レンジで撃滅することにあったのである。

砲弾の目標への命中精度は、砲の口径（この場合は砲身長）が大きくなるほどよくなるが、四六センチ砲のような巨砲でも三万メートルとか四万メートルの距離では、気圧、気温、風向、風力などの修正を行ってもなお各種の誤差が生じ、射距離の一％程度の射弾弾着散布は免れなかった。

なにしろ、大和級の四六センチ主砲は世界では初めてのことであったから、関係者の苦労も大抵のことではなく、昭和十三年七月第一門が完成して、呉海軍工廠の亀ヶ首大砲発射場で領収発射試験が行われ、減装薬から始めて弱装薬、最後に強装薬を無事に発射し終えたとき、これまで主砲の設計に関係した担当者は一様に胸をなでおろしたものであったと、当時の砲熕部長であった菱川万三郎中将はしみじみ述懐されている。

射撃試験中の珍事から水中弾道も加えられた〈九一式徹甲弾〉

こうして太平洋戦争の初期に〈大和〉〈武蔵〉が就役したが、この主砲の給弾機構は、日本海軍では古くから二〇センチ砲塔ですでに試みられた方式であり、弾丸はあらかじめ砲尾で待機しているので、仰角の適当な近距離戦闘では、二十秒余りで装塡できるほどに改善されていた。

砲塔一基に対して五〇〇〇馬力の水圧ポンプが四台、合計二万馬力を出した。これは、排水量七万トンのタンカーの主機械よりも強いぐらいであった。

日本海軍では、日露戦争当時からすでに徹甲榴弾と称するものはあったが、弾体の強度が弱く、あまり徹甲の役目を果たさなかったのと、それを炸裂させる信管が命中後非常に短い時間で起爆したため、日本海海戦では艦上構造物には被害を与えたものの、艦体に決定的な打撃を与えられなかったことは、一般によく知られていた。

日露戦争時代の弾丸はもちろん外国製で、その後も日本海軍は、大正の末期まで英国ハドフィルド社の技術を導入し、それを基礎として徹甲性能の向上について研究を重ねていた。たまたま大正十三年、軍縮で廃艦となった軍艦〈土佐〉を、海軍の射撃験場であった呉の亀ヶ首の沖につないで、弾丸の効力について射撃試験していたところ、目標つまり〈土佐〉の手前に落ちて命中しなかった弾丸が、はからずも海中で〈土佐〉に命中し、浸水して傾くという珍事が起こった。

なぜかというと、海上で命中しなかったはずの弾丸が海中を走り、艦の水線下に命中してダメージを与えたのである。

もちろん、命中しない弾丸が損害を与えることなどだれもが予想していなかったから、海軍ではこれを境に徹甲性能を落とさないで水中を疾駆する弾丸の研究が始められ、徹甲性、水中弾道性、遠達性などを統合して設計したものが、採用年の皇紀二五九一年(昭和六年)の下二ケタを取って名づけられた〈九一式徹甲弾〉で、三六センチ、四〇センチ、四六センチの各種があった。

〈九一式徹甲弾〉の要目は一二一頁の表のとおりである。

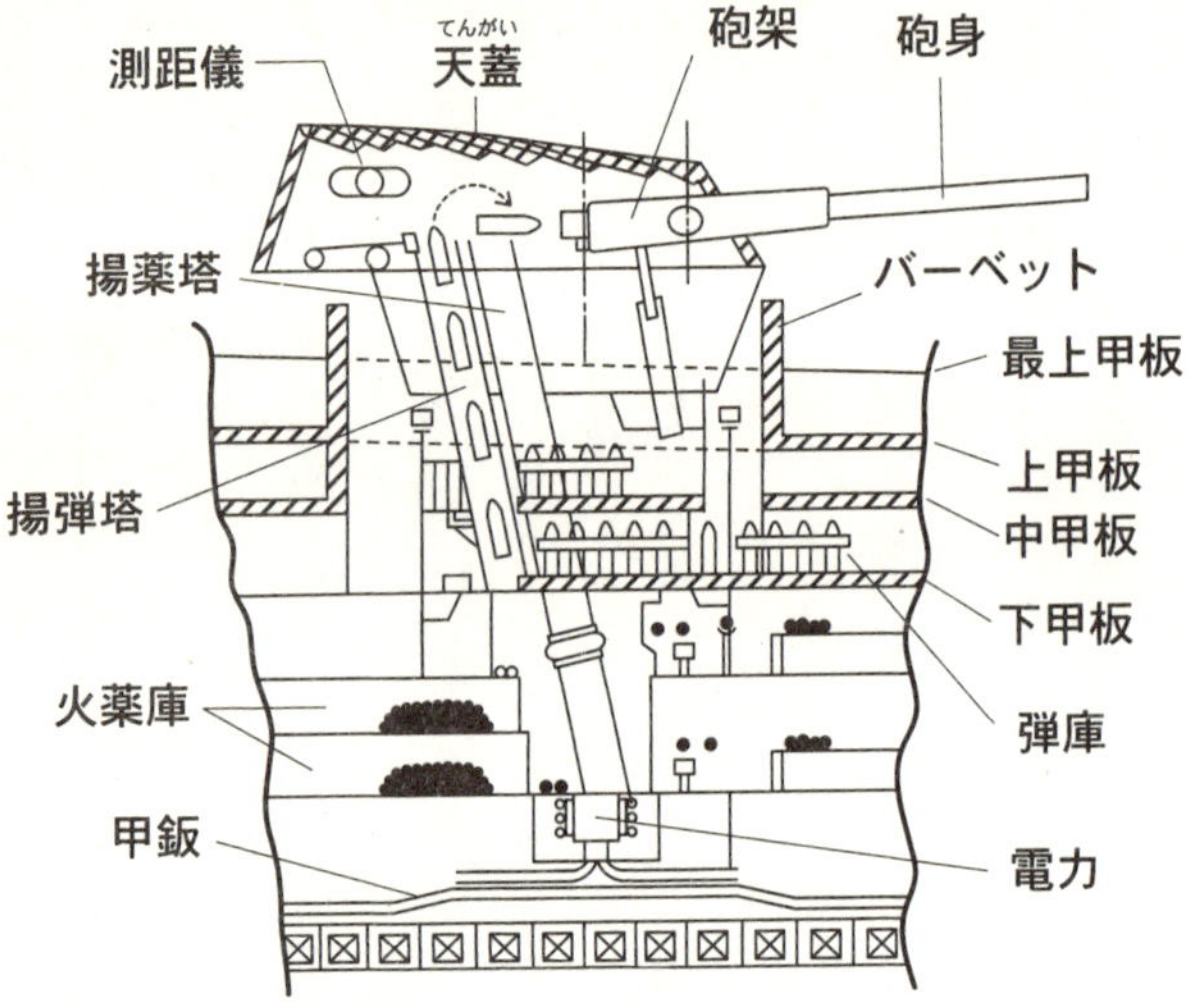

大和型戦艦の砲塔の構造

向かって右から46cm零式通常弾、40cm徹甲弾、20cm徹甲弾、36cm徹甲弾、46cm徹甲弾、46cm 3 式通常弾

弾丸の新型式設計はみごとな構造

砲弾の形状では、すでに昭和の初めには、茶筒のような形をした弾丸は水中を直進することと、とがった弾頭を被帽と称する鋼帽で防御すれば貫徹力を増すことはよく知られていた。

しかし、両者を統合して新型式の弾丸を設計することは、〈土佐〉の実験にヒントを得た日本海軍が世界で初めて思いついたことで、すばらしい着想であった。

その完成された構造は図に示したとおりで、今までの被帽を平面で切断しておき、万一目標に命中せずに砲弾が着水するときは、被帽とハンダづけされていた被帽頭以上の部分が水中に脱落し、平頭弾となって水中を直進するが、水面上で敵艦の装甲鉄に命中すれば、両者が合体して従来の被帽の役目を果たし、徹甲能力を発揮するのであった。

そのうえ、両者が分離しているため、両者に異なる硬度の材料を使用することもできて、被帽の効果も増進させることができた。

また海軍では、一目標に二艦以上で集中射撃を行うことが多かったが、ほとんど同時に上がる水柱を、自艦のものであると識別することは非常に難しかった。

そのため水柱に着色し、艦ごとに色を違えればという要望から、風帽と被帽との間に

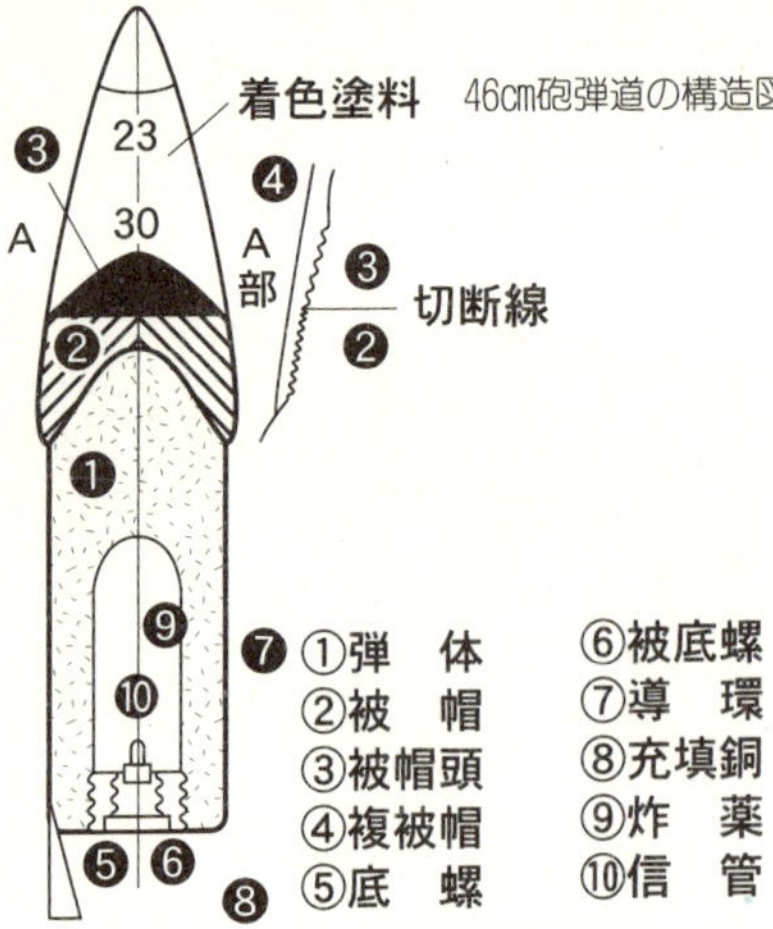

46cm砲弾道の構造図

46cm砲弾道の要目

仰角(度)	10	20	30	40	50
射距離(m)	16,887	28,005	35,945	40,836	42,005
飛行時(秒)	26.05	49.21	70.27	89.42	106.65

弾種別の〈91式徹甲弾〉の要目

項目＼弾種	94式 46cm	45口径 40cm	45口径 36cm	50口径 11号20cm
弾　径(mm)	459	409	354.7	202.3
全　長(mm)	1,953.5	1,738.5	1,524.7	906.2
完備重量 kg	1,460	1,020	673.5	125.85
炸 薬 量 g	33,850	14,888	11,102	3,100
初速(計画)m/s	780	780	770	835

染料を入れてこれを解決したが、海軍が使用する大口径弾全部に入れる染料は膨大な量となり、市場に売られている染料の買い占めを行い、どうやらその目的を達することができた。そのころ、市場からは染料がまったく消えて染物屋を慌てさせたというエピソードが残っている。

新対空砲弾の黛(まゆずみ)中佐の提案は最初不採用

いっぽう、大戦前の戦艦主砲は対艦射撃だけを目的としていたものであったが、戦争が進むにしたがい空からの脅威が増加し、やがて戦艦級の大口径砲に対しても対空射撃を要求されるようになった。

昭和十三年ごろ、当時海軍砲術学校防空科の科長であった黛治夫中佐（のち大佐）は、従来の対空火砲の威力について研究を続けていた。これまで高性能爆薬を使用した榴弾を空中で炸裂させても、炸裂点では弾片が一五〇〇メートル／秒内外の速度で飛散するが、空気抵抗のため十数メートル飛ぶと、大部分の弾片の存速は五〇メートル／秒程度に減少し、大きい弾片だけは飛行機のジュラルミン外板や燃料タンクを破ることができても、漏れるガソリンに点火する力はなく、まして小弾片では飛行機の外板でさえ突き破る力はなくなっていた。そこで黛中佐は大和型戦艦の対空砲に新しい対空射撃用の砲弾の開発を提案した。

新砲弾の構想は、次のようなものであった。

「将来の海戦では、敵航空機による攻撃を受けることは必至であり、従来のような中口径の高角砲、二五ミリ機銃で普通の榴弾（りゅうだん）を発射するだけでは防空砲火が不十分である。

このため、大口径の主砲も中口径の副砲も、焼夷性榴霰（りゅうさん）弾兼榴弾をもって防空にあたり、展開、決戦までの長期間に減耗する主力艦戦力を極小にすべきである。巡洋艦、駆逐艦の主砲や、戦艦以下の高角砲の弾丸も焼夷性榴霰弾兼榴弾とすべきである。

そのために、対空射撃用の弾丸は次のようなものでなければならない。

(A)空気抵抗の小さい弾子を放出すること　(B)弾子はジュラルミン板を貫き、ガソリンがタンクから漏れるようにすること　(C)弾子には漏れたガソリンに点火するため、焼夷剤を詰めること　(D)弾子を包容し、敵編隊の近方向の適良な空中放出したあとの弾殻は、弾丸重量の四〇％になる（四〇センチ砲弾では四〇キロ）ので、敵編隊の真っただ中に達したとき、炸薬（四〇センチ砲弾では四〇キロ）で弾殻を炸裂させること　(E)この焼夷榴霰弾兼榴弾は、四六、四〇、三六、二〇、一五センチ砲以下一二センチまでなど、あらゆる艦砲に使用できることも必要である。

また、航空兵力の制空や水上直衛の駆逐艦による防空火力は、天候などにより常に完全ではないので、敵主力との砲戦に入るまで、威力の大きい主砲でも防空に使うべきである。

使わなければ、敵機の雷撃により落伍したり沈没したりする不利となる」というものであった。

しかし、艦政本部では検討の要ありとはしたものの、結局は採用しなかった。

提案に研究開発を重ねて成功した新対空弾

だが、黛中佐の意見に対し海軍部内では反対のものばかりではなく、熱心に賛意を表する理解者もいた。

呉海軍工廠砲熕実験部の部長、鈴木長蔵大佐（のち少将）、同じく部員の島田泰与中佐は黛中佐の主張に賛成し、設計の権威であった秦千代吉技師に働きかけて設計を進めるかたわら、平塚の海軍技術研究所化学研究部の安井保門少佐に依頼して、弾体の構造や内部の焼夷剤についての研究開発にあたらせたのが昭和十五年の暮れであった。

安井少佐は、上司の平塚喜造造兵中佐の協力を得て研究実験を続け、さらに第一部長の松本益吉中将、主務課長の村上房三大佐もこれにあたり、実射実験にこぎ着けたのは昭和十六年五月である。

呉の亀ヶ首実験場で呉工廠砲熕実験部長以下、関係者立ち会いのもとに行われ、夜間を通して三日間にわたり三六センチ砲のもの六発を実験試射したが、みごとに成功して一発の不発もなかった。

弾頭部の時限信管が作動し、伝火薬を伝わって焼夷弾子に着火し、同時に放出火薬にも着火して上部の弾帽の部分を吹き飛ばし、一斉に焼夷弾子を六〇度ぐらいの角度で二六〇〇ないし三〇〇〇メートルを傘状に飛ばすことができた。

それはまさに夜空に傘状に開いた壮大な花火を見るようで、実に美しく、実験に参加した関係者は皆「これでよし」と安堵したという。

新式対空弾〈三式弾〉として艦船に兵器採用

このようにして新式弾が完成されたのは、昭和十六年五月であった。

その後十月にこの新式弾は、本式に〈三式弾〉として兵器に採用されることになり、大臣の決裁を得て艦船にも搭載されることになった。

〈三式弾〉はまさに海軍の期待どおりの兵器となり、開発にあたった安井中佐は海軍大臣から表彰されている。

この〈三式弾〉は三六センチ弾が兵器として採用されるに及んで、秦技師の設計により、四六、四〇、三六、二〇センチ砲、五〇口径一二・七センチ砲、四〇口径一二・七センチ砲、四五口径一二センチ砲、短二〇センチ砲、一二・五センチ砲、一五センチ、一四センチ砲用の三式通常弾が製造され、亀ヶ首実験場でいずれも成功し、量産が始められた。そのうち内部に詰められる焼夷弾子だけは相模海軍工廠でつくられている。

第一図は、駆逐艦主砲の五〇口径一二・七センチ砲の焼夷性榴霰兼榴弾の縦断面図。第二図は横断面図で、①は弾頭時限信管で、調定時限により敵機編隊の約一〇〇〇メートル手前で発火する。②は伝火筒、③は弾子で焼夷薬④が詰められている。⑤は弾頭炸薬で、伝火筒②からの火尖で炸裂し、弾体⑦の先端部⑧、木座⑨を切断させると同時に中心炸薬⑥は弾体⑦から多くの弾子③を料薬缶⑩とともに前方に放出する。

弾子③の群は約一〇度の束となり、敵機に向かって約六〇〇メートル直進する。⑪は底部炸薬で、底螺⑬と蓋螺⑫の間で炸裂するが、その位置は弾子放出点から約七〇メートル先方である。これで弾体⑦は約百二十個の弾片となる。

弾子③は四十三個であったが、一二・七センチ試製焼霰弾（三式通常弾とほぼ同じ）では、弾子は六十個に増加している。一二・七センチ弾の、弾子の燃焼秒時は四ないし五秒。一六センチ三式弾は弾子の数九百九十六個、燃焼秒時八秒、弾子の有効範囲は放出点から先方九〇〇メートル、束藁角一五度、弾体炸裂まで一五〇メートルで、そのための信管遅働は〇・二秒であった。

弾子の中の焼夷薬は多硫化系合成ゴム一〇・五二%、生ゴム四・六三%、硫黄〇・四

駆逐艦主砲の50口径〈3式弾〉構造図

縦断面図
（第一図）

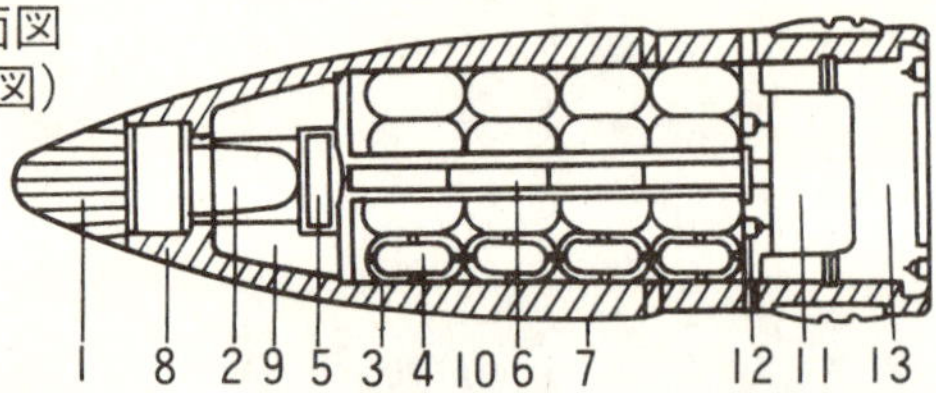

横断面図
（第二図）

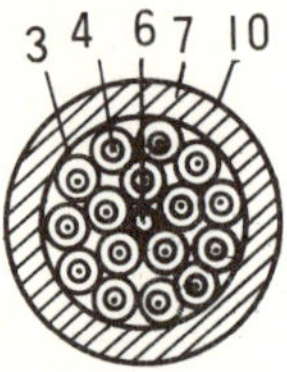

1 弾頭時限信管
2 伝火筒
3 弾　子
4 焼夷薬
5 弾頭炸薬
6 中心炸薬
7 弾　体
8 弾体の先端部
9 木　座
10 料薬缶
11 底部炸薬
12 蓋　螺
13 底　螺

〈3式弾〉の要目

弾　種	焼夷弾子	支柱等	危害半径（m）	実測 弾丸破片数
46cm	996	504	242	2647
40cm	735	375	213	1922
36cm	480	199	152	1820

一八％からなり、放出のときに点火される。大口径砲二〇センチ砲などの三式通常弾は、弾子の数が四〇センチ七百三十五個、三六センチ四百八十個、二〇センチ百九十八と、著しく多くなった。

戦果を上げた戦艦〈金剛〉からの百四発の〈三式弾〉

この〈三式弾〉の初の戦果としては、昭和十七年五月六日の南太平洋上でのサンゴ海海戦で使用され、一万〜二万二〇〇〇メートルの距離から、わが艦隊に向かって攻撃をしてきた敵機を、艦上より〈三式弾〉を発射してたちまち数機を落としてしまった。

これば数回に及ぶようになると、敵機は恐れをなして至近距離からの攻撃は危険かと思ったのか、四万メートルぐらいに攻撃散開地点を開いたという。

とくに日本海軍が〈三式弾〉によって戦果を上げることができたのは、昭和十七年十月十三日の夜、ガダルカナル島のヘンダーソン飛行場に対して行った夜間砲撃のときであった。

この攻撃は第三艦隊の戦艦〈金剛〉の主砲が、〈三六センチ一式徹甲弾〉を三百三十一発、〈三六センチ三式通常弾〉百四発。〈榛名〉は〈三六センチ一式徹甲弾〉二百九

昭和17年10月13日、戦艦〈金剛〉は、〈3式弾〉によるすさまじい攻撃でガダルカナル島を一面火の海にした

十四発、〈三六センチ零式通常弾〉百八十九発。合計三六センチ弾九百十八発を発射した。

ヘンダーソン飛行場は二二〇〇×二二〇〇メートルの大きさであり、トラック島での実験では炬火に対する艦上の測距誤差三〇〇メートル以内だったが、実際のときも同じであった。

ガダルカナル島での友軍の観測によれば、飛行場の十数か所に火災が生じ、中央部で爆発、南端付近に燃料の炎上、長時間の誘爆があったと報告された。

一面が火の海となる〈三六センチ三式弾〉の夜間炸裂の閃光は、一〇〇%観測可能（徹甲弾四〇%、零式通常弾六〇%）で、〈金剛〉は〈三式弾〉百四発を二十分間に撃ち尽くした。

このために、翌朝は満足な米軍の飛行機が一機もなかったという、すさまじい攻撃ぶりであった。

また、ガダルカナル島にいた陸軍部隊からは、艦隊のほうにこのような攻撃をもっと続けてほしいという強い要求があったが、艦に搭載された〈三式弾〉の量は、全弾数の三分の一以下でないと積んでいけなかったために、一回の攻撃で搭載分を全部発射し尽くし、その後の攻撃を続行することができなくなった。

その後、陸軍からもぜひ〈三式弾〉を至急に分けてもらいたいという強い要望があったが、間に合わなかったという。

悲劇の戦艦〈陸奥（むつ）〉謎の爆沈は〈三式弾〉に疑いが

ガダルカナル島でその威力を発揮した〈三式弾〉にとって思いがけない事件が起こったのは、昭和十八年六月八日であった。

この日、戦艦〈陸奥〉は旗艦〈長門〉が呉工廠で修理を終えて柱島に回航してくるため、午後一時に旗艦ブイから係留替えする予定であった。

午前十一時三十分、甲種予科練習生百五十二名が艦隊実習のため乗艦してきて、艦内はなにかと慌ただしかった。十一時四十分、艦内に昼食ラッパが鳴り、乗艦したばかりの予科練習生も食事をした。

食事を済ませた航海長は、錨地変更を一時間後に控え、上甲板に上がってまもなく準備に入る航海科員を見守っていたが、この日、海上は霧雨のため視界が悪く、約一〇〇〇メートル離れている〈扶桑〉がぼんやりと見えるほか、在泊艦は見えなかった。

甲板士官も上甲板で当直将校、副直将校と午後の作業予定について打ち合わせをしていた。

突然、午後十二時十分過ぎ、シューッと白い煙が三番砲塔と四番砲塔の間から噴き出した。と同時に大爆発を起こして〈陸奥〉の船体は二つに切断され、まもなく沈没した。

乗員千四百七十四名中わずかに三百五十三名が救助された。

このように救助人員が少なかった理由は、爆発と同時に艦内の電気が消えて真っ暗となり、沈没までの時間が短かったので、艦の下部にいた者、とくに機関科員は、ブイ低留替えで出航準備中だったため、ほとんど助からなかった。そのうえ、昼食後の休憩時間は、ふだんでは乗り組み員は甲板に出てくつろいでいるが、この日は霧雨で部屋に閉じこもっていたためであった。

この爆沈により、海軍省内に塩沢大将を委員長とする査問委員会が編成されて事故原因の調査が開始され、まず〈三式弾〉に疑いがかけられ、沈没した〈陸奥〉から〈三式弾〉が引き上げられ、早速、亀ヶ首実験場内に〈陸奥〉弾薬庫と同じものを仮設し、内部に弾丸と火薬を〈陸奥〉の弾薬庫と同様に積み重ね、いろいろな状況の下で、いわゆるシミュレーション実験が行われた。

と同時に、全艦隊から〈三式弾〉はすべて陸揚げが命じられ、今後なんらかの沙汰があるまで〈三式弾〉の製造を中止すべし、という命令が発せられた。

・戦後、海底から引き上げられた〈陸奥〉の砲塔と40㎝砲

飛行機攻撃用の3号爆弾の構造

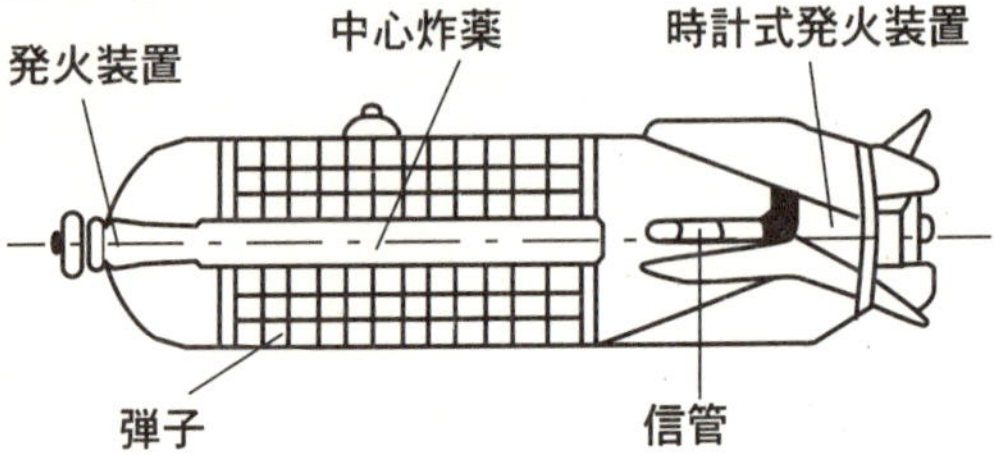

大型機攻撃用のロケット式3号爆弾の構造（単位・㎜）

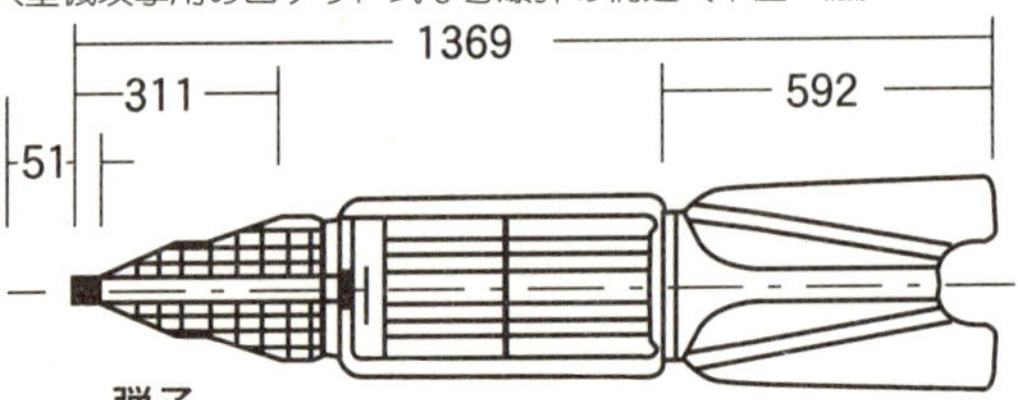

疑い晴れて製造再開したが戦局は不利に

さいわい、〈三式弾〉による実験では、生存者が見た〈陸奥〉爆沈のときの白い煙の状態、爆発は見られず〈三式弾〉はシロと断定され、再び艦艇に装備された。

〈三式弾〉にとってこのようなことがあったため、製造中止という状態が長い期間続いた。再び〈三式弾〉の安全性が確認されて製造が開始され、艦船搭載になったときには、戦局が思うままにならない状況になっていたが、昭和十九年十月二十四日のレイテ海域におけるシブヤン海の対空戦闘では、戦艦武蔵以下は〈三式弾〉をおおいに使用した。

十月二十六日の退却戦中でも、栗田艦隊はB－24重爆を〈三式弾〉で四、五機撃墜したこともある。

また昭和二十年四月七日、九州西南海域での戦艦〈大和〉の死闘のときも、〈三式弾〉によって相当数の米軍攻撃機を撃破したが、これが〈三式弾〉にとって最後の戦いとなった。

〈三式弾〉が初めて戦場に出現したときの連合軍の驚きと反響は大きく、これがドイツの知るところとなり、とくにヒトラー総統から〈三式弾〉の製法について要望された。

海軍ではそこで早速これを送るため、途絶していた交通を潜水艦によって復活し、小型の〈三式弾〉が数個送られ、ヒトラーを非常に喜ばせたという。

飛行機群の編隊攻撃を目的の空中兵器〈三号爆弾〉

いっぽう、航空兵器の中にも黄燐を主剤にした弾子で、空中で散布する〈三号爆弾〉と称した焼夷榴霰弾があった。

この〈三号爆弾〉は、〈三式弾〉よりもずっと早い時期に考えられたもので、ひと口にいうと敵飛行機の編隊の頭上から、わが戦闘機によって攻撃する空中爆弾であった。そのために小さい戦闘機に搭載するので、重量の点でなるべく軽く考案され、約三〇キロ程度のものであった。

昭和十年ごろから実験が開始され、昭和十四年には実用弾が完成していた。そして中国大陸方面の作戦、さらに太平洋戦争の初期には、大きな戦果を上げた。

用法としては、その弾子を傘状に敵飛行機編隊群の前上方から覆いかぶせるように落下させるもので、飛行機一機ずつを目標とするのではなく、数多い飛行機群を総当たり式に攻撃するものであった。

この弾子の内部には、主として黄燐を用い、その構造は厚さ五ミリの鉄板でつくられた長さ三〇ミリ、直径二〇ミリの鋼管の中に細い鉄片を入れ、爆発時に爆発の圧力によって変形して、中の黄燐が飛散しやすいような構造になっていた。

各弾子の重量は二〇グラムで、爆発した圧力で約五〇メートル離れた場所に置いてある厚さ一センチの松板を貫通して、中から飛び出た黄燐のためにそれを燃焼させる威力があった。この弾子が三〇キロ弾の場合には二百個が飛び出し、一〇〇度ぐらいの角度で散開しながら燃焼して飛び散った。

戦果は、B－29の攻撃に対しても初めは相当の効果を上げたが、戦争末期になり迎撃戦闘機に搭乗し、高々度からうまく敵飛行機群に命中させる熟練の操縦士が少なくなり、また、敵側もB－29の防御装備を強化させ、さらに消火装置をつけ、しかも日本の戦闘機が上昇できない高度で飛ぶようになり、〈三号爆弾〉の効果はあまり上がらなかった。

〈ロケット式三号爆弾〉は短期実戦使用

そこで昭和十九年になって、さらに積極的に敵を攻撃する方法が考えられ、〈三号爆弾〉を〝ロケット式〟への改造に踏み切ることになり、急ぎ計画が立てられた。

この〈ロケット式三号爆弾〉を、戦闘機の両翼下面に一本ずつの発射軌条を備え、重量を三〇キロから六〇キロにして（推薬量は一〇キロ）、最大速力を二七〇メートル／秒で敵機を攻撃した。

弾身部には百三十五個の弾子を入れ、焼夷剤として黄燐を使った。この爆弾は速力が非常に早く、また敵と向かい合った状態で発射した場合、相対速度が一秒間に四五〇メートルぐらいに達したため、照準は難しかったが終戦二か月前に完成して、実戦にも用いられるようになり、短期間ではあったが、戦争末期にB－29撃破の役目を果たした。

日本軍の〈3号爆弾〉のすさまじい攻撃を受ける米軍B24爆撃機

海軍雷撃隊の優秀さを物語る

九一式航空魚雷

勝利は雷撃の成果に負うところ大の洋上戦闘

昭和十六年十二月に始まり、二十年八月に終わった四十五か月に及ぶ太平洋戦争を通じて、日本軍でも米軍でも、およそ洋上戦闘における勝利の大半は魚雷、とくに航空機による雷撃の成果によって獲得されたといっても過言ではない。

ハワイ真珠湾攻撃に始まり、マレー沖海戦と雷撃隊の活躍が続いた日本海軍緒戦の勝利を見ても、またミッドウェーの勝利から諸々の海戦を経て、ついに世界最大の戦艦〈大和(やまと)〉〈武蔵(むさし)〉と日本海軍最後の旗印を引きずり落とした米海軍の勝利を見ても、この事実は明らかである。

それだけに日米双方とも、戦前、戦中を通じて航空機用魚雷の研究と、その用法上の訓練には血の出るような努力が重ねられてきたのである。

しかも、開戦劈頭(へきとう)の真珠湾では、空中からの雷撃が絶対に不可能と信じられていた浅海面の発射で五十発中四十九発の馳走魚雷を得て、敵の主力艦を壊滅させた。また、マ

〈91式魚雷〉を搭載して母艦を飛び立つ直前の〈97式艦上攻撃機〉

〈96式陸攻〉の魚雷発射訓練

雷撃を敢行する超低空飛行の〈1式陸攻〉

レー沖海戦では不沈を誇った英戦艦〈プリンス・オブ・ウエールズ〉〈レパルス〉の二艦を、わずか五十機の雷撃機と三十機の水平爆撃機とで、しかも一回の攻撃でこれを撃沈し、海軍の消長を自国の盛衰と結んで考える英国民の士気をなくさせた事実は、日本海軍雷撃隊の技量と、使用された航空魚雷の優秀性を物語るものであった。

酸素魚雷はあくまでも艦艇で威力を発揮

魚雷については、艦艇用の〈九三式酸素魚雷〉がまず有名だが、航空魚雷もまた日本海軍は優れたものを開発していたのである。

日本海軍では、昭和六年に初めて航空雷撃用魚雷の〈九一式〉が完成してからというもの、将来の海戦は遠からず航空機によって決せられるだろうとの予想のもとに、とくに航空機用魚雷の改良には力を入れていた。

昭和八年、すでに世界に比類のない酸素魚雷が発明され、日本海軍の水雷戦力は極秘のうちに世界の水準を抜いていた。

しかし、残念ながら〈九三式魚雷〉は、水上艦艇用の魚雷としては、これ以上のものはないと思われる酸素魚雷であったが、その重量、または整備操作の煩雑さから、搭載量に制限のある航空機用としては、どうしても不適当であった。

たとえ馳走距離の長大、無航跡の利点があるとしても、それはあくまで艦艇搭載用の魚雷にとどまるものであった。

航空機用に適している〈九一式魚雷〉

そこで酸素魚雷の出現にもかかわらず、航空機用としては当時もっとも安定度が高く、かつ小型ながら相当に威力を持つ従来の圧縮空気を動力源とする〈九一式魚雷〉を、海軍では続けて採用することとなったのである。

〈九一式魚雷〉は直径四五センチ、重量約八〇〇キロの小型魚雷で、航空機が目標の敵艦近くまで接近し、空中から投射するため、空中での安定性、海中射入時の衝撃に対する堅牢性と強大な炸薬量が要求されたが、その反面、潜水艦や駆逐艦のように、攻撃時の隠密性は考慮することがなかったから、無気泡性の酸素魚雷より、気泡を出しても軽量であれば短距離馳走でもよいとされていた。

改良で理想に近い〈九一式魚雷〉に

〈九一式魚雷〉は、〈九三式酸素魚雷〉が出現する二年前に、日本海軍に制式採用になったことから名づけられた名称で、最初の型から改一、改二と改良が加えられ、のちには頭部の炸薬量を極度に増大した〈改七型〉まで発達したが、これらの改良にあたっては航空本部の主務課長であった愛甲文雄大佐の努力が大きい。

同大佐は艦政本部と軍需省とを兼務し、航空魚雷の計画実験に、また教育訓練にワンマンといわれるほど八面六臂の大活躍を行った。日本の航空魚雷は、同大佐によって育てられたといってよい。

製作に携わったのは、三菱の長崎兵器製作所、川棚海軍工廠（大村）、呉海軍工廠、横須賀海軍工廠深沢分工場、舞鶴工廠の各工場で、技術面の指導はもっぱら空技廠の雷撃部がこれにあたった。

そして昭和十六年の開戦時は、ちょうど魚雷頭部の首振り、つまりローリング、ピッチングを防止する木製の安定舵が考案され、ますます信頼性が増した〈改三型〉が完成したときにあたり、海軍航空部隊はこれをもって太平洋戦争に突入したのであった。

当時、米英側の航空機用魚雷は、直径、射程とも日本とだいたい同じであったが、炸薬量では断然わが国の魚雷がずばぬけて大きかった。

炸薬量の大きなことの必要性は、航空機用魚雷だけではなく、艦艇搭載用魚雷にもたいせつなことであったが、つねに重量制限のつきまとう航空機であるために、炸薬量の増大をはかるには、その増大分だけの重さをほかの部分に振り替えて軽量化しなければ

魚雷をしっかり腹に抱いて出撃する97式艦上攻撃機

日本海軍の考案による浅深度魚雷

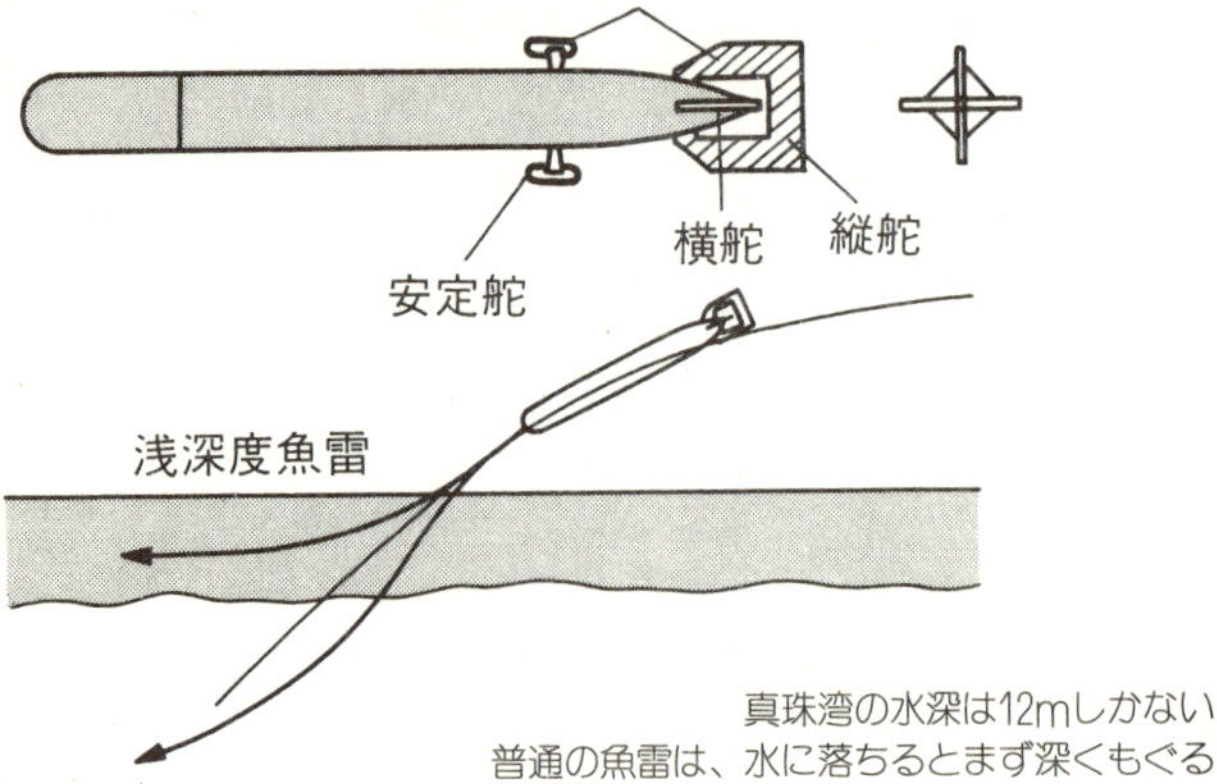

ならず、その点からもわが国の魚雷は他国の魚雷と比較して、技術的にも優れたものであったといえる。

魚雷自体が軽量で威力の大きな炸薬を内蔵していることが、航空機用魚雷にとって、もっとも望ましいものであり、と同時に、発射点に至るまでの敵戦闘機の迎撃砲火に耐えうる安定度の高い炸薬でなければならなかった。

そのほかも、艦艇用魚雷と違った多くの特徴もあったが、関係者は寝食を忘れてこれにあたり、次々に難点を解決し、第二次大戦末までには用兵上の要求に応じた改造を続け、〈九一式改一〉に始まり、改二、改三、改四、改五、改六、改七、〈四式魚雷一号二型〉、同四型の九種類に及ぶ航空用魚雷をつくり出した。この事実も世界に例を見ない努力の結晶である。

魚雷頭部の炸薬量は〈九一式〉の一五〇キロから、最後の改七では四二〇キロまで増加した。このため魚雷の射程は短くなり二〇〇〇メートルから一五〇〇メートルとなったが、これは雷撃機がそれだけ敵に肉薄すればよいという日本海軍の伝統の考え方に基づいて実現したものであった。

安定舵と框板(きょうばん)の採用で命中率を高めた

航空機用魚雷の特徴には、高速の着水時の衝撃に耐えることも挙げられる。とくに空中から高速で射出された魚雷は、着水時に海中深く潜る傾向があり、沿岸や湾内の浅い海面では使用することができなかった。しかし開戦直前、山本連合艦隊司令長官の強い要望があり、航空技術廠の嘱託村上佐氏ら関係者の目覚ましい努力によって、開戦直前、ようやく浅海面の魚雷発射に成功した。

それは、空中雷道安定のため安定板と安定器が考案採用されたためである。安定板は魚雷の尾部にある舵の部分、つまり尾框に取り付けることから框板と名づけられた厚さ一〇ミリのベニヤ板を十文字に組み合わせた保護板のようなもので、魚雷尾部にアルミ鋲で取り付けられていた。これによって、空中から発射された魚雷に適当な角度と空中姿勢を与え、着水と同時に安定板は飛び散り、魚雷は最適の射入角を得て水中に入り、水中から跳ね出したり変針することなく馳走するようになった。

安定器もまた魚雷の空中姿勢をよくし、空中での左右の転動を防ぎ、射入時の横舵のききをよくして沈度（着水時、水中に一時落ち込む深さ）の不規則を修正し、水中でも安定した姿勢を与えるために片岡政市少佐が考案した装置であった。魚雷尾部の左右に八センチ角の鋼製翼をつけ、さらにこれに幅一二センチ、長さ二〇センチのベニヤ板の空中舵をかぶせたものである。空中舵は着水時に框板と同様に衝撃で飛散した。これが浅海面発射魚雷の秘密であった。

真珠湾で威力を発揮したのが、この装置をつけた〈九一式改三魚雷〉で、真珠湾の浅い海面でも海底に突き刺さることなく、日本雷撃隊の魚雷は、すべて発射に成功し、米海軍太平洋艦隊主力を根こそぎ壊滅したのであった。

当時の三菱重工業長崎兵器製作所では、真珠湾で使用する浅深度魚雷の安定機と安定舵の取り付け工事を担当したが、真珠湾攻撃のため出撃する機動部隊用に徹夜で作業を急いだが、全部の魚雷には間に合わず、ついに作業員が内地を出発する空母に乗り込み、千島ヒトカップ湾まで作業を続けたというエピソードもある。

尾框用の安定框板には三種があり、初期には舵の後端に取り付けられた〈九七式框板小型〉であったが、雷撃機が〈一式陸攻〉〈天山〉〈銀河〉と高速になるにつれ框板の強度が不足となり、〈一式陸攻〉〈九六陸攻22型〉用には底のない箱型の〈九七式框板小型改〉をつくり、魚雷の尾部をすっぽりこの中に入れて機体に取り付け、〈天山〉〈銀河〉用には魚雷の舵を各二枚の板で挟んだ構造の〈四年式框板〉を採用して、強度を保持させた。

のちにこの框板は米・英海軍も採用したが、日本海軍が世界で初めて使用したものである。また高速のために、着水時の海面はコンクリートと同じくらいの堅さを持つことになり、いくら安定舵の助けで理想の雷道を保っているとはいえ、突入時の衝撃は、とても普通の魚雷頭部では耐えられず、破損するか不時の爆発を起こしがちだったが、これを防止するためにゴムの被帽が考案され、実用化されていたのも、また日本海軍の魚雷の名をいっそう高めた大きな一因であった。ゴムの被帽は着水時に飛散し、水中雷道には関係ない。

次々に改良を加えられた航空魚雷の製造

さらに北は北洋から南は赤道直下に至る広大な作戦地域で、地上と数千メートル高度を上下する航空機に搭載する魚雷では、急激な温度差に耐えうる潤滑油を開発しなければならなかったが、日本海軍は、十五〇度～一一〇度、十一〇度～一五〇度用の二種の潤滑油を完成し、南方用と北方用に区別して使用した。

また日本海軍では、これらの航空魚雷のほかに艦底起爆の魚雷の構想も進んでいた。戦闘艦船の舷側は装甲鋼鉄を備え、またはバルジ（防御隔壁）を装備して、砲弾や魚雷に対し防御が厳重であったが、罐室や機関室の下は二重底にするぐらいがせいぜいで、厚い装甲はつけられていない。したがって、ここで魚雷を爆発させることが、効果がいちばん大きいことになる。

これを狙ったのが艦底起爆装置であり、日本海軍も昭和の初めから研究に着手し、太平洋戦争中期に水中凧式起爆装置を持った艦底起爆用魚雷が完成し、戦争末期にマリアナ海域で実戦に使用された。

この魚雷の機構は、やや深度を大きくした魚雷が進行中に、後部からワイヤーに連結された水中爪が引き出され、爪が舷側に当たればちょうど艦底近くに位置していた魚雷が爆発するしくみであった。

また、昭和十九年春ごろから航空技術廠雷撃部の福羽邦長技術少佐らが開発にあたった試作魚雷Mは、直径五三センチながら炸薬量七五〇キロという世界一の強力な航空魚雷で、一発当たりの全重量は二・〇七トンにもなった。

この魚雷は、試作中の四発大型陸上攻撃機〈連山〉に四発搭載する予定であった。

このほかにも航空用に磁気式とか光線式、超音波式頭部魚雷などの研究試作も行われたが、その成果は不明である。

以上の航空用魚雷は、航空技術廠の近くにあった横須賀海軍工廠で試作と実験を完了したあと、すべて三菱重工業長崎兵器製作所で生産されたものであった。

海軍でも昭和十八年ごろ長崎県川棚、山口県光の両海軍工廠に魚雷専門の工場を設置したが、まだ十分機能を発揮しないうちに昭和二十年八月九日、長崎に第二発目の原爆が投下され、長崎市大橋町にあった世界一の魚雷工場といわれた三菱の長崎兵器製造所も被爆破壊され、実質的に日本の航空魚雷の製造はこの日でピリオドを打った。

艦上攻撃機〈天山〉の胴体底部に魚雷が見える

サンタクルス島沖海戦で、米戦艦サウスダコタに接近して魚雷攻撃をかける日本雷撃機

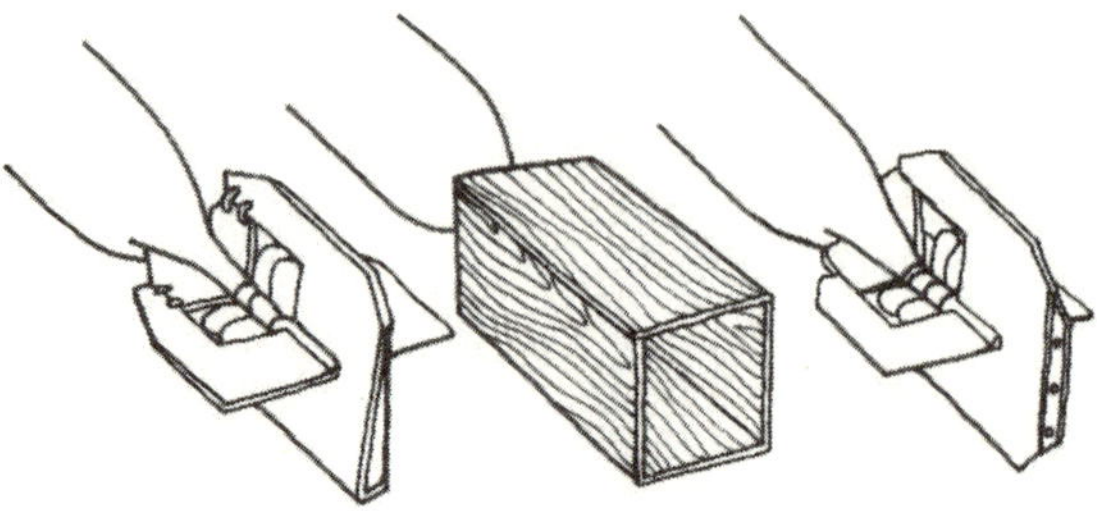

魚雷の尾部の舵の部分に取り付ける各種框板

世界に例のない海軍がつくった水陸両用戦車

特型内火艇

陸軍のSR車は試作で終わった

太平洋戦争が企図されていたころ、その予想された作戦地域から、陸軍では水陸両用戦車の必要性を痛感し、一時その整備も計画されたが、当時の兵器製造の体系では通常兵器の主流となる〈九七式中戦車〉の生産が優先され、夜を日に継いで大量生産が行われていたため、いってみれば特殊兵器の分野に入る水陸両用戦車の開発などは、大戦を目前にした生産体制の中に組み入れることは困難であり、また技術的にも陸軍にはその力がなかった。

陸軍がこれまでに関係した水陸両用戦車を振り返ってみると、大正十五年、陸軍はわが国最初の水陸両用車両の試作を行った。これは半装軌、装輪式の水陸両用車で、車体前後部に一般自動車のような車輪を持ち、中央部に装軌部を設け、路上では前方車輪を下ろし、装輪車両として走行し、不整地ではこれを上方に上げて半装軌姿勢で行動した。

水上での航行は後部の単軸スクリューによって行い、抵抗を減じさせるために、車体

日本の海軍がつくった水陸両用戦車〈特２式内火艇〉

上陸後に浮舟部分を外して、陸用戦車スタイルになる

は舟艇状に近い形につくられていた。

この車両は、のちに各部分が改良されてスマートになったが、実用化するにはほど遠く、初の水陸両用車としての実験に供されただけであった。

陸軍ではこのデータをもとに、昭和四年五月に至り、第二次の試作車を石川島自動車製作所で完成した。

初めの半装軌、装輪転換式に対して今度の試作車は完全な半装軌式で、外形もかなり洗練されたものとなり、重量は約二・五トン、フォードの四〇馬力のエンジンを搭載し、陸上で四五キロ、水上で九キロの速力が得られた。

偵察用として設計された本車は、騎兵学校で各種試験を行った結果、良好な成績をおさめたが、なぜか制式に採用されるまでには至らず、これまた試作に終わった。

さらに昭和八年、三菱重工でハイドロジェット推進型の水陸両用戦車〈SRイ号車〉が製作された。

同時にスクリュープロペラ式の物も試作されている。

この時代には、各種の水陸両用戦車が試作されたらしく、昭和九年四月十八日には石川島自動車の後身、日本自動車工業株式会社で〈SRⅡ〉が完成、さらに昭和十一年末には、〈SRⅡ〉の六気筒空冷エンジンを八気筒に換装した試作車も完成した。〈SRⅡ〉はさらに改良の結果〈SRⅢ〉へと進み、実用的な物になったが、少数が生産され

水上走行状態の〈特二式内火艇〉の側面(上)と真上から見たところ（下）

上陸後は、浮舟部分を切り離す

ただけで大量に整備するまでには至らなかった。ＳＲとは水陸の頭文字を取った略称である。

陸軍ではこのほかに〈九五式軽戦車〉〈九七式中戦車〉などを利用し、各種の水陸両用戦車の実験を行ったが、いずれも試作だけで終わっている。これらのうち、もっとも興味深いのは〈九五式軽戦車〉を使用し、水底を走行する実験であったが、車体の水密機構、エンジンの給排気構造に問題があり、あまりよい結果は得られなかったようである。

最初の〈特二式内火艇〉は〈カミ車〉

いっぽう海軍では、戦争開始以来、強襲上陸用のため陸軍の協力得て、数種の水陸両用車両を開発したが、これはいずれも大きな特徴を持つもので、戦車とはいわず海軍流に〈特型内火艇〉と呼んでいた。

この系列のうち、最初に出現したものが〈特二式内火艇〉であり、〈カミ車〉という秘匿(ひとく)名称が与えられていた。

〈カミ車〉は主砲として九四式三七ミリ戦車砲を装備する、ほぼ軽戦車の性能を持つ車体で、車体の前後に浮舟をつけ、水上の航行は後方二軸のスクリュープロペラで行う形式で、浮舟部分は上陸後、直ちに車内から取り外せるような構造になっていた。機関部、伝導装置、電気設備などは、すべて陸軍の〈九五式軽戦車〉の物が流用され、整備は順調に進み百八十両以上が完成した。

〈特二式内火艇〉のいちばんの特色は、潜水艦によって運搬できることであった。潜水艦の潜航時には、機関と電気装置だけを艦内に収容し、艦外に固縛された〈特二式内火艇〉の車内には潜航中、海水は自由に出入りするが、浮上後三十分で海水を排除し機関部を取り付けて発進できた。

しかし、上陸後は浮舟を取り外して通常の陸用戦車のスタイルとなってしまうため、水陸両用性がないのが本車の弱点ではあったが、陸上での戦闘能力を一般戦車なみに与えるためには、しかたがない措置であった。

本車は、太平洋戦争に使用された唯一の水陸両用戦車であり、サイパン、パラオ、硫黄島、フィリピン島方面で実戦に参加した記録が残っている。

ただし、実戦では潜水艦は使用されず、一般の輸送時には一等輸送船か二等輸送船が使用されていた。

次の出現の〈特三式内火艇〉は〈カチ車〉

次につくられた〈特三式内火艇〉の〈カチ車〉は、〈特二式内火艇〉よりもかなり大型の水陸両用戦車で、重量は〈カミ車〉の九トン（陸上）に比べて、二六トン以上にも達した。〈カミ車〉が軽戦車に相当するなら、〈カチ車〉は中戦車に対比する性能を持っていた。

主砲には、〈九七式中戦車改〉に装備された一式四七ミリ戦車砲が採用され、エンジンは〈一式中戦車〉に搭載した一〇〇式統制型一二気筒空冷ディーゼルが選ばれた。

その結果、最大速力は陸上で三二キロ、水上は一〇・五キロに達し、三〇〇キロ以上に及ぶ航続能力が得られた。

〈カチ車〉の水上航行様式は、〈カミ車〉と同様に前後に浮舟をつけ、ツインスクリューによるものだったが、その最大の特徴は車体を円筒形の耐圧構造とした点にあった。

このため潜水艦に搭載し、潜航運搬中も〈カミ車〉のようにエンジン部分を取り外す必要がなく、浮上後から発進までに要する時間も十分に短縮できた。〈カチ車〉の安全潜水深度は一〇〇メートルで、一般潜水艦も同じである。

車体の大型化に伴ない転輪数は八個に増加し、〈特二式〉は車内におさめられていた懸架装置のスプリングは車体外部に配置された。

そして、〈特三式内火艇〉には対戦車戦闘を考慮され、装甲は車体前面五〇ミリもあり、当時の中戦車と比較しても、ひけをとらない防御力を持っていた。しかし、終戦まで十九両が生産されただけにとどまり、実戦には使用されなかった。〈特三式内火艇〉の生産が少数だけだったのは、その構造が複雑であったためと思われる。

3番目に出現の〈特四式内火艇〉は〈カツ車〉

次に海軍で製作した特型内火艇、つまり水陸両用戦車は〈特四式内火艇〉だが、この〈特四式〉は前述の二種と異なり、戦車ではなく兵員と貨物の輸送用に設計された水陸両用車両であった。

〈特四式内火艇〉の〈カツ車〉は〈特二式〉〈特三式〉などにも見られた着脱式のフロートは持たず、車体自体が舟艇型となっており、米国のLVTに似通った様式の物である。しかしながら、水上航行様式はほかの特型内火艇と同じように、プロペラ式の推進器を用いていた。

貨物車である〈カツ車〉は、本質的にはほかの形式と相違し、全長一一メートル、全幅三・三メートル、全高四・〇五メートルという大型な外形であったが、乗員席前面に一六ミリの装甲板を持つほかはすべて無装甲で、そのため重量は一六トンと軽くなっている。

〈カツ車〉も潜水艦による潜水輸送が可能であったが、構造的には〈カミ〉〈カチ〉の中間型ともいうべき機関部だけを、円筒型の耐圧筒に入れる様式を採用していた。

このため潜航時には車内に海水が流入した状態となるので、〈カチ車〉のように強度を持たせる必要もなければ、〈カミ車〉のように発進に長時間を要して敵に攻撃を受ける心配もない利点があった。

車体底部には排水弁があり、浮上の後迅速(じんそく)に海水を排出できるしくみにもなっている。

水上航行時の操舵はふつう車外の甲板上で行うが、車内からの操縦も可能で、機関には〈カミ車〉と同じ直列六気筒一二〇馬力の空冷ディーゼルを採用していた。

貨物は、甲板上の六個のハッチから機関室前後にある貨物室に搬入されたが、人員輸送用としての座席は備えられていなかった。

武装は甲板上に〈九三式一三ミリ機関砲〉二門を持つほか、敵艦艇攻撃用として四五センチ魚雷を左右各舷に一本ずつ搭載した型や、迫撃砲を搭載した自走砲型などが試験されたが、実用には至らなかった。

〈特四式〉には次のようなエピソードがある。

昭和十九年に東京から広島県呉まで輸送計画が立てられたが、本艇は最初から海上輸

〈特２式内火艇〉に装備の94式37㎜戦車砲

海上を走行中の〈特２式内火艇〉

〈特３式内火艇〉の１式47㎜戦車砲

陸に上がった〈特３式内火艇〉

送艇として設計されており、鉄道車両輸送限界の三メートルをオーバーした三・三メートルの艇幅を持っていたため、鉄道輸送ではプラットホームに抵触してしまうので、東海道線が使用できず、しかたなく駅が少なく貨車とプラットホームの幅が広い裏日本経由で呉まで輸送したという。

戦車の車幅について、使用地域の鉄道貨物車の幅と一致しなければならないというセオリーを考えず、失敗した一例である。

同艇は、昭和十九年から二十年にかけて三菱重工で四十九両製造されている。

一両も生産されず、幻の〈特五式内火艇〉

〈特五式内火艇〉の〈トク車〉は、車体の構造以外は、だいたい〈特三式内火艇〉と同様な性能であったが、車体構造が複雑だったために製造が手間取った〈特三式内火艇〉の筒型構造を改め、平板の溶接構造を採用して、武装配置も違っていた。

〈特三式内火艇〉では、主砲であった〈一式四七ミリ戦車砲〉は回転砲塔内に装備されていたが、〈特五式内火艇〉では、これを車体左前面に移し、旋回砲塔には二五ミリ機関砲と〈九七式車載機銃〉とを〝かんざし式〟に配したものであった。

〈特五式内火艇〉は、終戦時に二十両分の鋼鉄材料の手配が完了していたが、組み立て

前方から見た〈特４式内火艇〉

サイパン島の戦闘で破壊された〈特２式内火艇〉

に着手するまでに至らず、実際には一両も完成しなかったのである。

結局、実戦には〈特二式内火艇〉だけが使用されたが、日本海軍が戦車をつくっていたことは、戦争相手の米軍もまったく知らなかったという。

無理もないことで、世界の造兵史に〝海軍がつくった戦車〟は、まったく例がないからである。

潜水艦に搭載された〈特４式内火艇〉二両

潜水艦上から発進する〈特４式内火艇〉

海軍試作戦闘機

〈零戦〉に頼りすぎて間に合わなかった

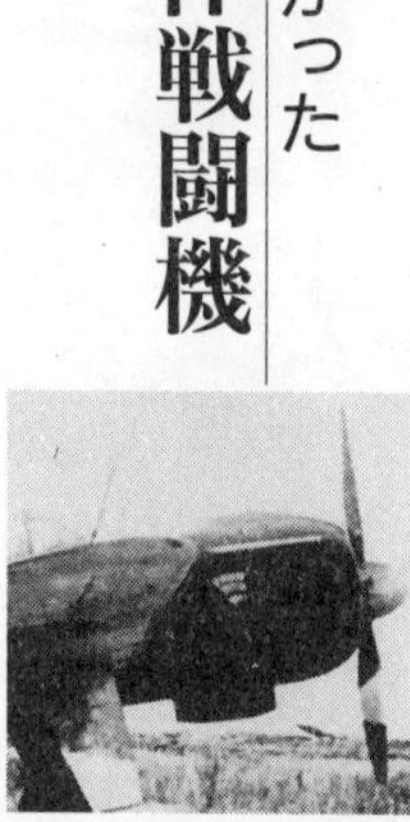

海軍に高々度戦闘機は一機もなし！

日本海軍では、昭和十二年に十二試艦戦計画が立てられ、陸軍と同様に重戦か軽戦かの論議が続けられたが、結論は集団戦法を取るほどの数量が期待できないことから、速度に加えて運動性にも重点が置かれ、この思想のもとに〈零式〉戦闘機が誕生したのであった。

その後の、昭和十六年十二月八日、ハワイ真珠湾攻撃に始まった太平洋戦争は、南方要域の零戦部隊の大奮闘によって、日本本土は敵の空襲圏外に置かれていた。

しかし、進攻地域が広がり始めると、その防衛のために局地戦闘機の必要性が痛感され、昭和十四年から開発に着手していた〈雷電〉そして試作中の水上戦闘機〈強風〉から陸上機型とした〈紫電〉がつくられ、さらにこれを改良した〈紫電改〉が出現した。

この間、昭和十七年四月にドゥリットル爆撃隊の東京空襲があったが問題ではなく、あまりにも強い〈零戦〉の戦果に隠れてか、国民は本土が敵機に実際に襲われようとはだれも考えていなかった。

しかし防空当局は、アメリカの超重爆撃機による本土空襲は必ずあるものと見て、高々度防空用の局地重戦闘機の実用化を急いでいた。とくにB－29高々度爆撃機成功の情報をひそかに入手し、もしこれが本格的に製作されれば、中国大陸を基地として本土に対する空襲を開始することは必至であろうと考えられていた。

ところが、当面の日本海軍の戦闘機にはB－29を撃退する高々度戦闘機はなく、単独あるいは各種の目的にそったポスト零戦ともいうべき多くの戦闘機が計画されたのであった。

艦上戦闘機〈烈風(れっぷう)〉は無念の製作中止

〈零戦〉の再来として期待されながら、ついに実用化されなかった三菱の艦上戦闘機〈烈風〉は、〈零戦〉と同じ堀越二郎技師の主務設計で昭和十七年から計画されていた。しかし、慎重を期した空戦対策と、エンジンの選定での設計者側と海軍の意見の違い、さらに陸海軍の反目による製作工場の獲得競争など種々の悪条件と不運の連続で、その改修と生産は遅れ、終戦までに合計わずか七機を製作したにすぎない。本機のテスト期間が意外に遅延した理由には、〈零戦〉〈雷電〉の改修生産が併行して行われたため、その研究試作が重点的に行われず、設計陣の全能力を集中することができなかったことにもよるが、最初〈烈風〉の試作機A７M１の発動機に、〈誉（ほまれ）〉（ＮＫ９Ｋ）を選定したことにもよる。

〈誉〉発動機は、当時その設計データでは世界一流のプラット&ホイットニー〈ダブル・ワスプ〉をはるかに抜く、すばらしい戦闘機用の高性能発動機であったが、形態を極力小型にまとめたため各所に無理が生じ、実力は必ずしも額面どおりというわけにはいかなかった。

また生産をあまりにも急いだため、実際に第一線に出てから不調のものが続出して、現地の評判は決してよいものではなかった。

発動機を三菱製のＭＫ９Ａ（ハ43－11）に換装した〈烈風〉（Ａ７Ｍ２）の第一号機は十九年十月に完成し、テスト飛行の結果、〈誉〉装備のＡ７Ｍ１に比較して、上昇性能、速度、空戦性能など、いずれも格段の向上を認めることができ、ここに宿敵グラマン〈ヘルキャット〉を圧倒できる本格的な重戦〈烈風〉が誕生したわけである。

〈烈風〉の真価が初めて判然としたのは、この発動機換装の２型であったが、このことが明らかになった十九年十二月には、運悪く東海地方の震災に次ぐＢ－29の空襲で、命の綱とされていたＭＫ９Ａの生産工場である大幸発動機工場が被害を受けて、その製作がストップしてしまった。

三菱関係者の復旧への不眠不休の努力もむなしく、相次ぐ空襲の前には手の施しようもなく、さらに優秀なA7M3、A7M3J〈烈風改〉の設計がありながら、八月に入ってからの「〈烈風〉の生産を中止し、一機でも多く〈紫電改〉の生産準備を行うこと」という軍需省の指令により、世紀の戦闘機〈烈風〉も、無念の涙のうちにその製作を中止することになった。

終戦時〈烈風〉は、鈴鹿、横須賀、三沢で分散テストされていたが、いずれも完全に破壊されて、アメリカ軍の要請にもかかわらず、ついに一機も元どおりに組み立てられたものはなかった。

モスキート型の重戦、局地戦闘機〈天雷（てんらい）〉の不運

〈零戦〉のあとの〈烈風〉、〈一〇〇式司偵〉のあとの〈キ83〉、〈屠龍〉のあとの〈キ102〉というように、有名量産機のあとには、たいがい同一目的の次期試作機が控えていた。

〈天雷〉はこの筆法でいくと、夜戦〈月光〉のあとを継ぐもので、その性格は川崎〈キ96〉、三菱〈キ83〉とよく似ている。

本機は中村勝治技師を設計主務として、その第一号機は、中島の小泉製作所で十九年

七月に初飛行をした。

しかし〈誉〉発動機を装備した本機も問題が多く、終戦までに六機試作されたが、一機は墜落、二機は被爆炎上、一機は胴着破壊という惨状を呈し、結局不運な飛行機としてその短い生涯を閉じた。

単座型と複座型があり、単座のほうは前方に向けて二〇ミリ砲二門と三〇ミリ砲二門、複座のほうは夜戦用で三〇ミリ斜め銃二門を胴体上部に斜めの前方に向けて装備していた。

戦後、アメリカに残りの一機が渡り、モスキート型の重戦として注目された。本機の写真はきわめて珍しく、飛行機ファンの間でも割合に人気がある。

変わり型の快速戦闘機〈震電〉は終戦で挫折

〈震電〉は世界でも珍しい、尾翼を前につけプロペラを尾部に付けたいわゆるエンテ型の快速戦闘機で、設計は空技廠の鶴野正敬技術少佐により、九州飛行機で終戦間近い二十年七月に第一号機が完成した。

変わり型飛行機には珍しく最初のテストで好成績を上げ、前途を期待されながら終戦で挫折したが、その独創的な設計と構造はアメリカ軍関係者を瞠目させ、同機は米軍技

宿敵グラマンをも圧倒できる本格的重戦〈烈風〉が誕生した

〈天雷〉は不運な飛行機として短い生涯を終えた

変わり型の先尾翼を持つ〈震電〉は単発戦闘機で世界一流の優秀機

術調査団に接収後、アメリカに持っていかれて分解検討された。

武装の三〇ミリ砲四門も、日本の単発戦闘機としては最大の火力で、速度も高度八七〇〇メートルで、確実に七〇〇キロ／時をオーバーするという計算になっていたから、世界一流の優秀機であったといえる。

なお、発動機を強化した第二号機は九月に完成の予定で、終戦時には全工程の八割が済んでいたが、実戦への参加までには至らなかった。

日本で戦時中につくられた唯一の三車輪式戦闘機でもあり、とにかく当時世界の水準を抜く奇型戦闘機として注目されたものである。今から考えると、〈震電〉の機体はジェットエンジン装備に最適の形態でもあった。

レーダーつき重装備の夜間戦闘機〈電光〉の試作機は爆撃消滅

B－29に対する夜間迎撃のため、海軍では〈月光〉の性能不足を補うため陸上爆撃機〈銀河〉を改修した〈極光〉を試作したが、別に愛知航空機に対して大型夜間戦闘機(海軍では丙戦という)〈電光〉の試作を指令した。本機は、十九年八月に木型審査にまでこぎ着けたが、十九年秋に行われた海軍の試作機種の整理で開発は中止となり、試作機二機はほとんど完成に近いところまでいったが、名古屋工場が爆撃を受けて、焼失した。日本の戦闘機としては、もっとも大型の全備一〇トン級の重戦闘機で、アメリカの誇る大型夜戦Ｐ－61〈ブラック・ウィドウ〉に対等するレーダーつきの重装備もあり、夜戦としては理想的なものであった。

これだけの大作を完成していながら、時期的なわずかの差でＢ－29の空襲で一方的に圧倒されたのは、結局、重戦に対する軍部の見解が、Ｂ－29があらわれるまで不明であったことに原因がある。〈電光〉も〈極光〉も〈天雷〉も、または〈キ１０２〉も、時期的に計画が遅すぎたのである。〈震戦〉や〈隼〉のような軽戦にいつまでも頼りすぎていたのが、Ｂ－29の活動を容易にした大きな原因といえる。

十七試局地戦闘機〈閃電〉は幻の三菱の奇型機

陸軍の立川〈キ94〉原案と同じような双胴型式で、単発戦闘機に大口径砲を搭載する目的から発動機は推進式、プロペラは操縦席の後方についていた。保守的な三菱には珍しい奇型機で、設計主務は佐野栄太郎技師であった。結局、実用性能の見通しの不満足といろいろな制約のために、実物大模型と実験用胴体だけがつくられたが、十九年十月に中止となり実現を見なかった。

一応、終戦時の試作戦闘機として特記すべきで機体であった。

十八試艦上戦闘機〈陣風(じんぷう)〉は幻の快速機

日本の艦戦といえば、まず〈零戦〉それに試作〈烈風〉というのが定石であるが、川西で〈陣風〉が計画されたことは案外知られていない。〈零戦〉が中高度用であったのに対して、〈陣風〉はまったく高々度用として設計され、発動機は中島の〈誉改〉が予定されたが、重武装・重装甲が要求された反面、〈誉改〉発動機の不調で十九年十月、実物大模型審査だけで中止となり、実際にはつくられていない。

同社では、かわりに〈紫電改〉が艦上機として改修されたが、時すでに日本には〝空母艦隊〟はなく、いわゆる〝艦戦〟の価値はまったく下落してしまっていた。一時、プロペラとジェットを兼ねた快速〈陣風〉の風説もあって、内外の飛行機ファンの間で話題を呼んだが、結局デマとわかって落ち着いた。これも今では幻の飛行機の一つである。

ロケット戦闘機〈秋水(しゅうすい)〉の原型はドイツ戦闘機

日本でつくられた唯一のロケット戦闘機〈秋水〉の原型は、ドイツのメッサーシュミットMe163B迎撃戦闘機で、十九年七月に巌谷英一海軍中佐が、潜水艦でドイツから

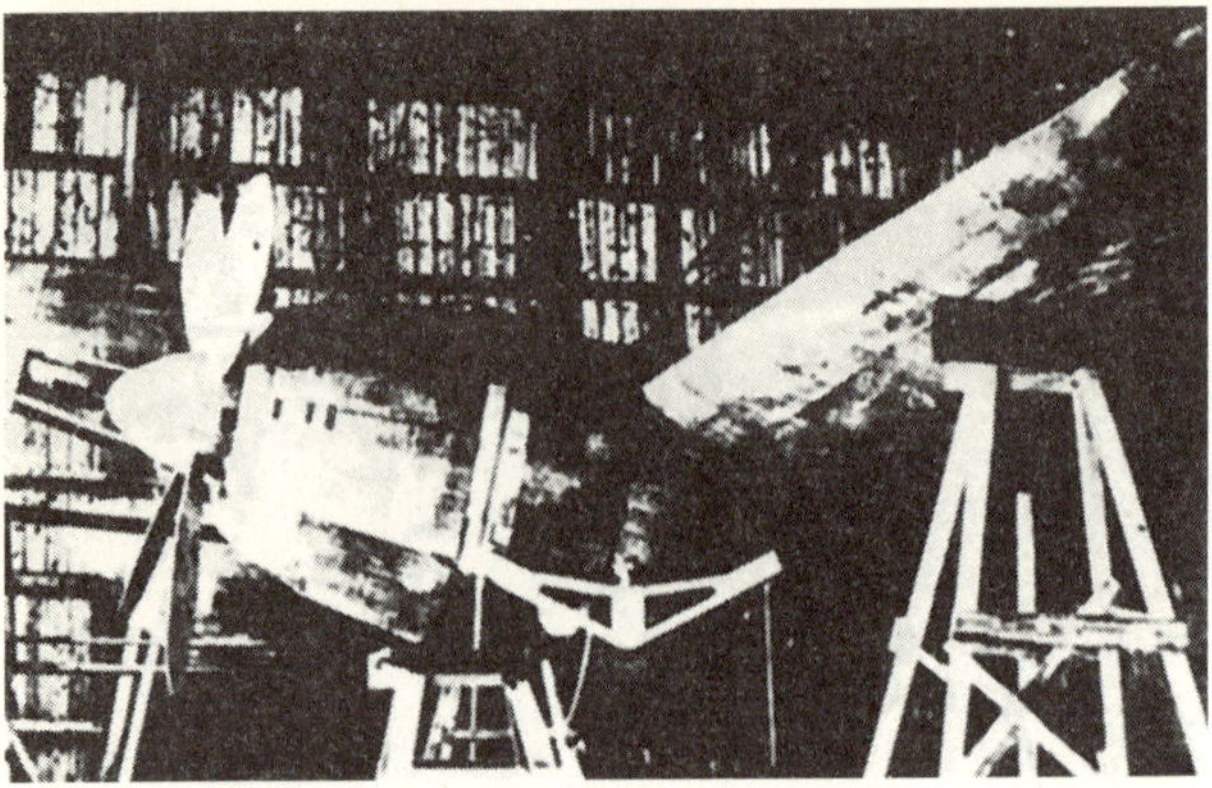

試作中の18試夜間大型戦闘機〈電光〉

三菱の奇型機17試局地戦闘機〈閃電〉の完成図

持ち帰った図面によって試作された。初号機の歴史的なテスト飛行は、二十年七月七日に犬塚豊彦海軍大尉によって行われたが、上昇姿動のままでロケットがストップし、不時着の寸前建物に触れて墜落大破し、同大尉は殉職した。調査の結果、燃料タンクの不備から燃料の供給がとまったことが原因であることがわかり、第二回目のテスト飛行を準備中に終戦となった。

太平洋戦争後半期の試作(計画)海軍戦闘機要目性能一覧表

製作所	機名	乗員数	全幅m	全長m	主翼面積m²	自重kg	全備重量kg	最大速度km/h	上昇時間m/分秒	実用上昇限度m	航空距離km	武装
三菱	艦戦「烈風」A7M2	1	14・00	10・985	31・30	3266	4720	*628	*6000/6'07"	*10900	2090	12・7× 220×2
中島	局戦「天雷」J5N1	1	14・00	12・00	32・80	5195	7350	618	8000/8'45"	10800		20×2 30×2
九州	局戦「震電」J7W1	1	11・114	9・66	20・50	3465	4928	750	8000/10'40"	12000	1200	30×4
愛知	ト夜戦「電光」S1A1	2	17・50	14・25	47・00	6900	9700	589	6000/9'30"	11000		20×2 30×2
三菱	※局戦「閃電」J4M1	1	12・50	12・50	24・70	3400	4886	704	8000/15'00"			20×2 30×1
川崎	※夜戦「陣風」J6K1	1	12・50	10・118	26・00	3300	4373	685	10000/13'20"	13600		12・7× 230×4
三菱	局戦「秋水」J8M1	1	9・50	6・05	17・73	1505	3885	900	10000/3'30"	12000		30×2
中島	特攻「橘花」	1	10・00	9・25	13・20	2300	3550	676			555	

(注)発動機馬力は膨昇最大出力を示す。※印は計画のみまたは試作中止。+印は完成間近で試作中止。*印は実測値(他の性能は計算値または実測値)

海軍ストーリー
空母に転化された豪華客船その名は特設空母

太平洋戦争の開戦前、日本は六〇〇万トンを上回る外洋船を保有して、帝国海軍の艦艇と同じように、その優秀な商船隊は七つの海に日の丸を誇らしげに翻していた。しかし、開戦と同時に、これらの客船は一斉に国民の前から姿を消した。昭和初めに建造され、日本郵船のサンフランシスコ航路に就航し、戦前は太平洋の女王と謳われた豪華客船、〈浅間丸〉、〈龍田丸〉〈鎌倉丸〉（いずれも一万七〇〇〇トン級）は、大戦中交換船として最後の航海に出たのち潜水母艦に改造された。これらの船は建造時から、戦時になれば空母に改装される目的でつくられていた空母予定船であった。そのため主機をディーゼルとして艦隊と行動できるように計画され、前後の船艙ハッチも空母用昇降機の大きさに合わせてあった。

また、日本郵船がサンフランシスコ航路に就役を予定して建造中であった、一万八〇〇〇トン級の姉妹船〈新田丸〉〈八幡丸〉〈春日丸〉などは、竣工を待たず特設空母に改装されて、それぞれ〈沖鷹〉〈雲鷹〉〈大鷹〉と船名を変えて、航空機運搬用空母、または商船護衛用の空母として、旭日の軍艦旗を掲げた。

しかし、商船改装空母や各種の母艦は、船体がぜい弱で速力が比較的遅く、そのほとんど米国潜水艦の攻撃を受けて、大戦中に悲惨な最期を遂げた。

ロケット戦闘機〈秋水〉の原型はドイツ戦闘機

幻の快速機18試艦上戦闘機〈陣風〉

海軍がつくったロケット弾

噴進弾・地対空ミサイル奮龍

海軍のロケット弾の初陣は硫黄島

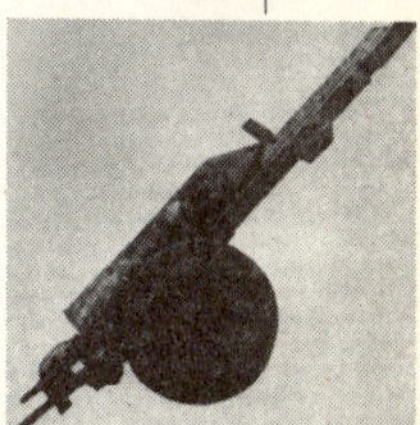

早くから開発が進められていた陸軍のロケット弾（日本の秘密兵器・陸軍篇参照）は、太平洋戦争中期の昭和十八年に制式兵器を管理する第一陸軍技術研究所に移され、七センチ対戦車ロケット弾（バズーカと同目的）から九センチ、一五センチ、二〇センチ、二四センチ、四〇センチロケット榴弾に至る種類が制定された。ところが、海軍では旋動ロケットは研究していなかったため、陸海軍の技術交流の機会に、艦政本部と兵器行政本部との間の了解に基づいて、第七陸軍研究所で研究中の二〇センチ旋動ロケット弾の図面を艦政本部に渡すとともに、伊良湖射場で同本部関係者に、このロケット弾の実射を供覧した。

海軍では、これを改良して硫黄島方面の防衛部隊に多数補給した。硫黄島の戦闘たけなわのとき、突然日本の新聞に「米軍の硫黄島上陸に際し、日本軍はロケットを使用して抵抗した。米軍では日本本土に接近するにしたがって、新兵器が出現することを恐れ

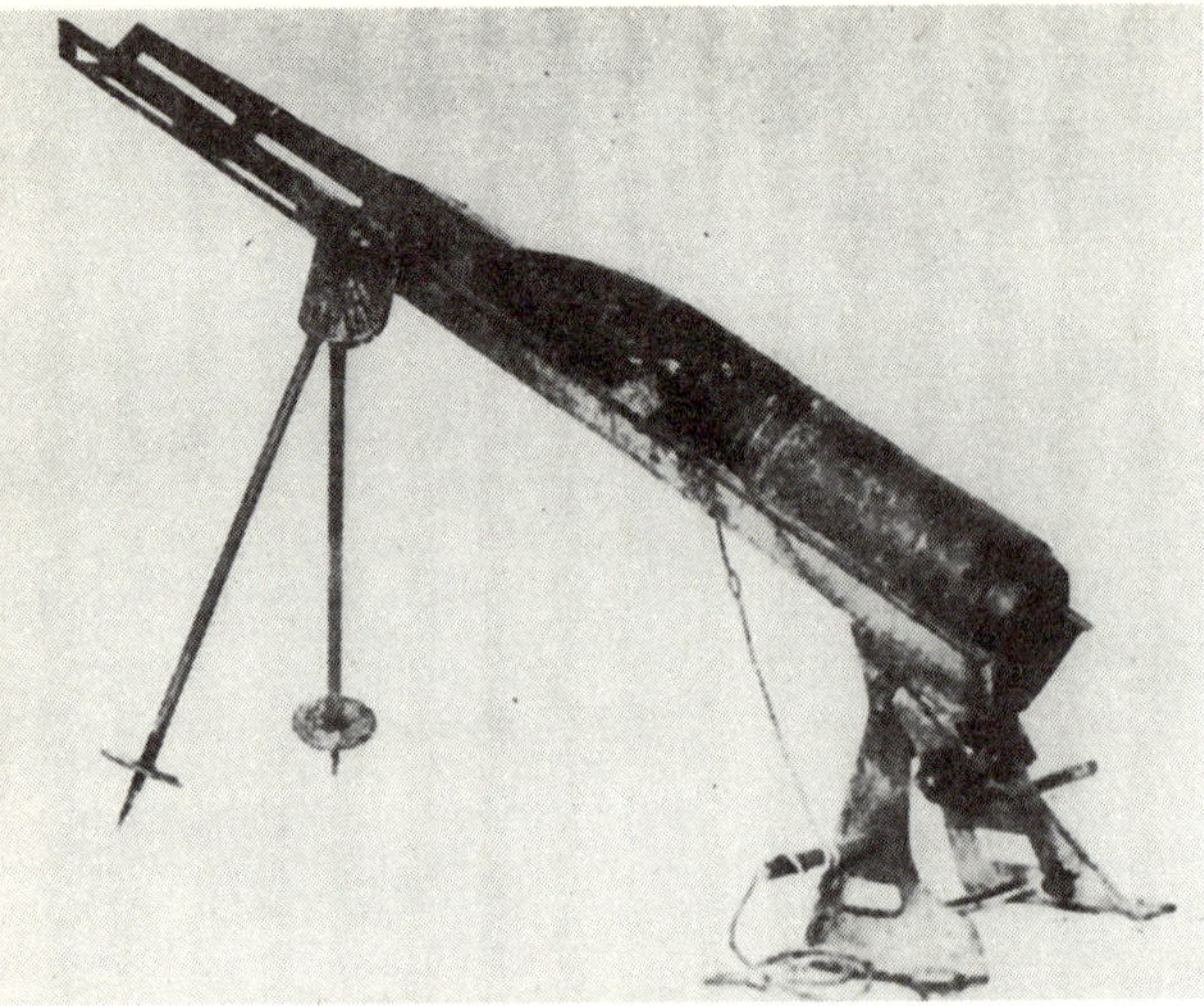

海軍がつくった〈20cmロケット弾〉と発射機

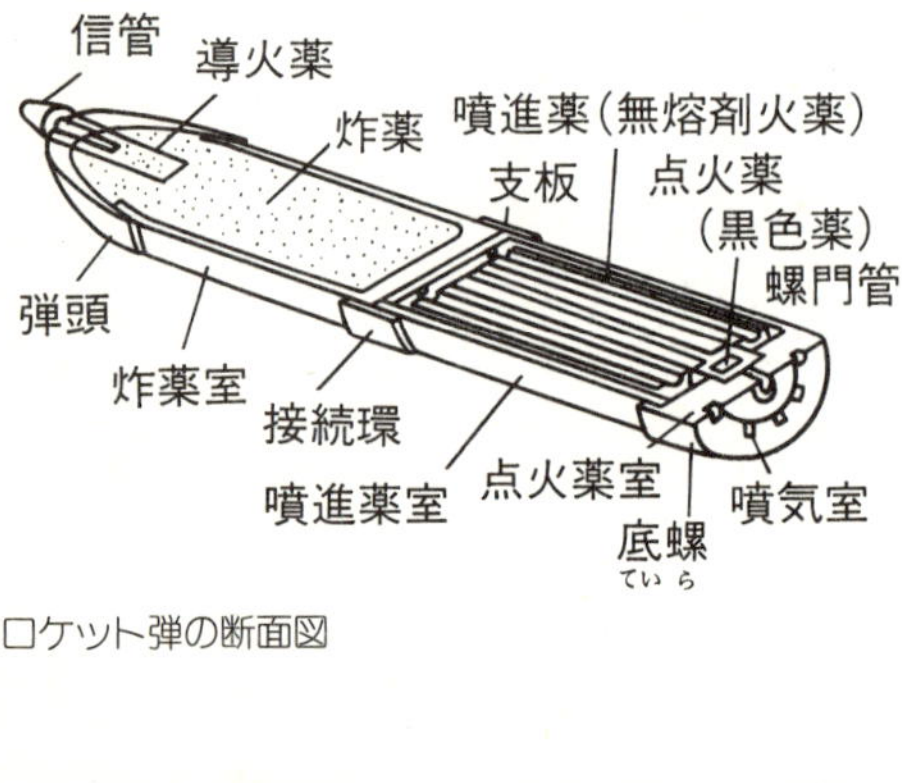

ロケット弾の断面図

ている」との外電が大型活字で載った。

これが海軍ロケット弾の初陣で、種類は次のようなものがあった。

従来の各種火砲に比べて命中精度の低かったロケット砲は、陸軍ではなかなか制式化されなかったが、海軍では陸軍との技術協力で教示されたロケットに対して興味を示し、昭和十七年初め陸軍から資料の提供を受けて早速火薬廠で研究開発が開始された。

この結果完成したものが、全重量七・五キロの小型ロケット弾で、〈零戦〉の主翼下に左右三個ずつ装備され、空中から敵大型目標に対して、有効な攻撃を行うことができたのである。

海軍の〈二〇センチ噴進弾〉は米軍にとって恐怖の大迫撃砲弾

いっぽう、陸戦隊の地上戦闘用火砲にもロケットが応用され、陸軍側の資料を参考に陸軍よりも早く二〇センチ弾を完成させ、南太平洋各地の守備隊に装備した。

当時、陸軍が使用していた野戦重砲弾は一五センチ級が普通で、二〇センチとなると戦時中でもあったから製造に余裕がなかった。しかし、海軍では八インチ（約二〇・三センチ）艦砲弾が古くから製造され、この弾丸に噴進用推進体を組み合わせれば簡単に製造ができたし、ロケット砲も艦砲に比べれば、戦車と乳母車の違いの出るほど製造が

簡単に製造できる木製樋
状の発射機と20㎝噴進弾

車輪のついた台車に装備した20㎝噴射砲

〈20㎝噴進弾〉の要目

口　　径　203cm
全　　長　1190mm
全重量　89kg
噴気孔　径15mm×6
最大速度　170／秒
最大射程　1800m

簡単なものであった。

弾丸の弾頭部は、陸地砲撃用としてすでに使用する機会もなくなっていた八インチの通常榴弾（りゅう）を利用し、底部に燃焼ガスを噴出する六個の穴（ノズル）と、中央部に電管部のある底板を持つロケット推進部とを組み合わせていた。

この弾丸は〈二〇センチロツ弾〉として制式化され、のちに最初からロケット弾として製造された肉薄の弾頭部を持つ〈二〇センチロツ弾改〉、さらに形成炸薬頭部を持つ対戦車用〈二〇センチロタ弾〉に進歩した。

噴進砲、つまり海軍側のロケットランチャーには三種類の発射機が使われていた。陸軍の〈四式二〇センチ噴進砲〉とよく似た金属製円筒砲身を車輪のついた台車に装備したものと、金属製樋（ひ）状の簡単な発射機、そして木製の即製発射機である。木製の発射機は十発程度の発射で焼けてしまうが、現地でも簡単に製造できた。これらは後端に簡単な打撃式の撃鉄が備えられており、引き綱（拉縄〈りゅうじょう〉）を引くことによって撃鉄により弾尾の雷管を強打して点火させた。

照準器は、台車つきのタイプにだけついており、簡単な樋状発射機にはつけられていない。

硫黄島に上陸した米海兵隊は、いきなり頭上に落下してくる海軍二〇センチ噴進弾を「恐怖の大迫撃砲弾」とか「音もなく落ちてくる艦砲弾」といって恐れ、多くの犠牲を払ったことが記録に残っている。

〈四五センチ重噴進弾〉の大和型ロケット

太平洋戦争開始後、いち早く二〇センチロケット弾を採用装備した海軍は、二〇センチより強力なロケット弾として四五センチロケット弾を昭和十九年末に完成して陸戦用秘密兵器とした。

四五センチ径といえば一七・六インチで超弩級戦艦大和型の主砲弾一八インチとほぼ同じものであったから、海軍ではこれを「陸用大和型ロケット」とも称していた。

戦艦〈大和〉の主砲弾は艦艇攻撃用の肉厚の徹甲弾が主であったが、この四五センチロケットは、当時の鉄不足から構造の簡単な円錐型の頭部と〈九一式航空用魚雷〉のために粗造していた四五センチ径の肉薄鉄管を利用したので、陸軍の各種ロケット弾と比較して、炸薬量は非常に多いのが特徴であった。

弾底中央部には雷管式発火装置があり、弾頭には着発信管を持っている。ロケット内部には、中心に一〇ミリ径の穴をあけた外径五八ミリ、長さ三九〇ミリの棒状燃料が三十七本おさまり、底部には六個のノズルを持っていた。簡単な発射機から発射されるため命中精度はきわめて悪かったが、頭部に詰められた一〇〇キロの炸薬は、一発が着弾したただけで地面に直径六メートル、深さ三メートルの大穴があき、半径三〇〇メートル以内は爆風の被害を受けるという、ものすごい巨弾であった。

本砲は、連合軍が昭和二十年秋に企図していた日本本土上陸作戦に備えて、各地の要塞周囲の防御陣地に装備されていたが、一部が昭和二十年四月の沖縄戦に使用され、上陸した米軍将兵は肝をつぶしたといわれている。

海軍で製造の〈一〇〇式六〇キロ爆弾投射機〉

昭和十八年の暮れのマキン・タラワ島での敵上陸軍との戦闘で、同島を守備していた海軍航空部隊は全飛行機を破壊され、基地内には相当数の六〇キロ爆弾が残っていたにもかかわらず、人力ではこれを敵に向かって使用する手段もなく、飛行兵までが日本刀を振るって敵中に突入して戦死した。鉄片と血にまみれた彼らの死体のすぐ横には、新品の航空用爆弾がゴロゴロと転がっていた。

このような戦局をふまえ、輸送上の困難を考え、ロケット以外は現地部隊でも製造できるものをと、昭和十九年一月に、海軍軍令部とラバウル方面の航空参謀を通じて強く要望された。

これに応えて、海軍航空技術廠兵器部の千葉技術中佐は、一か月あまりで図のような

左は同重噴進弾の発射装置と弾体。右は、海軍〈45cm重噴進弾〉発射の瞬間

〈100式ロケット爆弾投射機〉

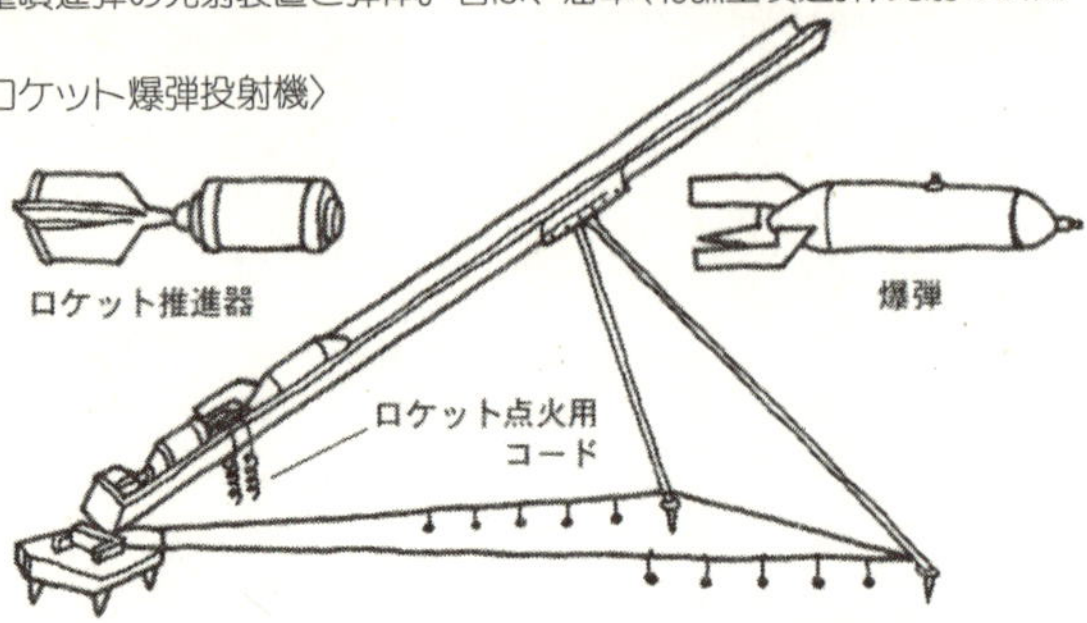

〈100式60kg爆弾投射噴進砲〉の要目

発射機	
全　長	600cm
ロケット	
全　長	845mm
全重量	17kg
信　管	着発
火　管	電気
最大射程	1200m

〈45cm重噴進弾〉の要目

弾　径	450mm
全　長	1760mm
重　量	600kg
炸薬量	100kg
推薬量	59kg
噴射孔	38.5mm×6
信　管	着発
燃焼時間	1.6秒
最大射程	1500m

爆弾投射機を設計し、同年二月十四日に辻堂演習場で実験に成功した。

投射する爆弾は〈九六式六〇キロ陸用爆弾〉で、弾体は継ぎ目なしの鋼管を利用し、弾頭と弾体は鋲によって結合する構造であった。

この実験の結果、木製のV型樋(ひ)式の発射機から推進用ロケットにより発射された六〇キロ爆弾は、一二〇〇メートルの射程距離を記録することができた。

推進体は単純なロケットで、燃焼室、閉鎖板、尾翼部からなり、燃焼室には三本の棒状固体燃料が入っており、頭部は栓で閉鎖されている。

この栓の中央には小孔があり、推進体基部にある点火薬に電気点火をするためのコードが出ていた。

また、推進体の頭部には四本の溝を掘った木製の保持具がつけられて、これによって推進ロケットと爆弾を連結していた。

発射の操作は、まずロケットを発射台の上に載せ、頭部から出ている電線コードを電気点火装置に結び付け、ロケットの頭部に木製の保持具を当ててから爆弾を台上に置き、二本の脚の下端から発射台座基部（床板）を、三角形に結んだ鋼線を伸縮調整して射距離を決めて電気点火で発射した。

上は３式20cm噴進式の推進体。下は同噴進弾

３玄噴進弾の推進体と弾頭を組み合わせたところ

発射機

全　　長　600cm

構　　造　鉄製

ロケット

全　　長　1350mm

重　　量　41.8kg

最大射程　2500m

燃焼時間　２秒

信　　管　着発

〈３式噴進弾２型〉と発射台。

性能向上と工程省略化から〈三式二〇センチ噴進弾一型〉が出現

〈一〇〇式爆弾投射機〉は、前述のように昭和十九年二月、発射実験に成功したため、海軍ではこれの性能向上と、生産工程の省略化を考え、V型鉄板を利用した爆弾投射機を制定した。これが〈三式二〇センチ噴進弾一型〉である。これが〈一〇〇式六〇キロ爆弾投射機〉と異なるのは、脚架となる発射機の構造と、推進用ロケットが延長されて強力になったことである。これによって、〈三式二〇センチ噴進弾〉は〈九六式六〇キロ通常爆弾〉のほか、〈六三キロ焼夷爆弾〉も投射できるようになった。

〈三式噴進弾二型〉は二十日で完成の海軍ロケット兵器

〈一〇〇式爆弾投射機〉が成功してから約四か月後の昭和十九年六月、海軍空技廠長和田中将の依頼を受け、再び同廠兵器発着機部長の千葉宗三郎技術中佐は、新型爆弾発射機の設計製作に取り組んだ。当時サイパン島に強行上陸した米軍は、同島のアスリート飛行場を占領し、南雲中将を司令官とする海軍守備隊は、飛行場北方の丘陵地帯に追い込まれていたのであった。同島と、その対岸のテニアン島の海軍航空部隊はすでに壊滅

奮竜２型の構造

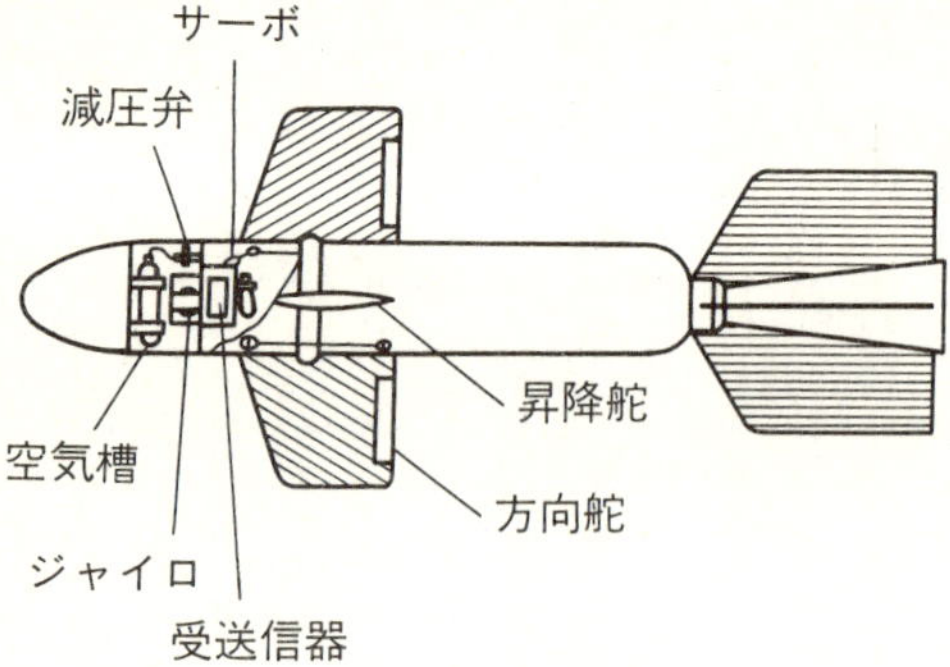

〈奮竜２型〉

全　　長	2.4m
直　　径	70cm
翼　　幅	96cm
全備重量	370kg
最大射程	5000m
翼（尾部）	4枚＋4枚
安定装置	ジャイロ×２（方向とローリング修正）
誘　　導	コマンド方式（左右上下の命令）

〈３式噴進弾２型〉発射機

発射機

全　　長	800cm
構　　造	鉄製

ロケット弾

弾　　径	300mm
弾　　長	1800mm
重　　量	噴進機180kg
炸 薬 量	70kg
噴 射 孔	90mm×１
信　　管	着発
燃焼時間	４秒
最大射程	5500m

していたが、両島にはまだ使い残りの〈九八式二五〇キロ（二十五番）爆弾〉が合計九百個もあり、これを米軍の占領しているアスリート飛行場に撃ち込もうという計画であった。しかもサイパン島の日本軍守備隊の陣地とアスリート飛行場とは、約八〇〇〇メートルの距離であり、射程一万メートルの爆弾投射機があれば攻撃できた。

こうして作業は空技廠の全力を上げて昼夜兼行で行われ、七月十四日に辻堂海軍演習場で最初の実験が行われた。その結果、新爆弾投射機はみごとに成功し、巨大な推進用ロケットに押し出された〈九八式二五〇キロ爆弾〉は一万メートルの射程を記録した。

こうしてわずか二十日間で完成した海軍のロケット兵器は、サイパン島で活躍するものと関係者は期待した。日本側関係者は、少なくとも同島守備隊が半年ぐらいは持ちこたえると思っていたが、実験の翌日、つまり七月十五日に圧倒的な米軍の攻撃にこらえきれず、同島守備隊は全員玉砕してしまった。

その後、本砲は〈九九式二五〇キロ爆弾〉を改良した頭部を、〈特一型〉と呼ばれる推進用ロケットで飛ばす方式も研究された。この弾頭は〈九九式二五〇キロ陸用爆弾〉の尾部を取り外したもので、その後端とロケット推進体の前端に、はめ込み用の切削がついていた。

そして、〈二〇〇式〉や〈三式二〇センチ噴進弾〉と同様に、電気点火用の二本のコードが推進体の前端から出ていた。

頭部とロケット部は別々に運搬され、木製V型樋状の発射機の上で組み立てられたが、そのとき二本の点火用コードを結合部の小孔から引いて点火装置に連結した。

本砲は、正しくは〈三式噴進弾二型〉と称したが、海軍部内では推進用ロケットが〈特一型〉と呼ばれたため、本砲全体を〈特一ロケット〉と通称していた。戦時中、これを入手した米軍がテストした結果では、日本側の実験記録で最大射程一万メートルを有しているといわれたが、実際には六〇〇〇メートル以上は飛ばなかったと報告されている。

戦後発表された海軍側のデータでも、最大射程は五五〇〇メートルとなっているので、最大射程一万メートルは一般装備用の推進体ではなく、特殊な推進ロケットを使用していたのではあるまいか。

特型噴進弾〈奮龍(ふんりゅう)〉は今日でいう地対空誘導弾

いっぽう昭和十八年の終わりごろ、東京目黒の海軍技術研究所では、砲腔(ほうこう)(大砲)研究の関係者によって、来攻する水上艦船攻撃用の海岸砲のかわりにロケットの研究が始められていた。これは当時第二火薬廠、第一技術廠、呉(くれ)工廠などで行われていた、ロケット火薬の研究と平行して進められていたものであった。

さいわい海軍技術研究所には砲腔、水雷、電気（無線）、造船、材料、物理、化学などの研究者が、各種の研究部門に集まっていたので、これに航空技術廠から応援を得て、昭和二十年から臨時編成の陣容で〈特型噴進弾〉という名のもとに研究が開始された。

さらに昭和二十年六月には噴進研究部も新設され、新ロケット弾の開発にいっそうの拍車がかけられた。

その陣容は約三百名の技術者で、主務には技術士官や技師など中心となる技術者があたり、噴進弾は〈奮龍〉と名づけられたが、この斬新なアイディアは、今日の名称でいえばＳＡＭ（地対空誘導弾）であった。

〈奮龍二型〉は浅間山麓で秘密に試験発射

最初に試作された〈奮龍二型〉は予備実験用のもので、火薬推進の小型のものであった。

当時海軍には、火薬ロケットの三式噴進弾〈ロツ〉〈ロサ〉〈ロタ〉の各種弾が完成していたので、この2型では火薬を推進薬とし、これに誘導装置をつける予備実験を行う目的のものであった。しかし、当時は軍需物資も底をつき、海軍技研とはいっても新兵器の研究開発には血のにじむような苦労を重ねなければならず、いよいよ試作の段階に入ったとき、機体をつくる約二トンのジュラルミンの入手さえ困難な時代になっていた。

ジュラルミンは、最優良の飛行機製作にも不足がちの重要資材であったから、尋常な手段ではとうてい入手できず、ついに空技廠から出向していた研究員が、勝手知った同廠内からこっそり持ち帰ったこともある。

こうして部品は次々にでき上がり、組み立てられた〈奮龍二型〉の空技廠での風洞試験は綿密に行われ、試験発射の場所に浅間山麓が選ばれた。試験発射には相当広い面積が必要であったし、また秘密兵器の手前隠れて実験しなければならず、といって海に向かって発射すれば回収ができない。記録を取るためには、貴重な試射弾を無傷で回収しなければならなかったからである。

〈奮龍二型〉の実験結果はほぼ良好

〈奮龍二型〉は浅間山に運ばれ、麓の牧場の丘から中腹に向けて発射されることになり、途中の観測所が小浅間山に設けられた。射程は約五〇〇〇メートルと推定されたので、発射位置の天丸山を中心に発射場を建設し、燃料実験所も整えられ、昭和二十年春から基礎実験が積み重ねられたのち、火薬ロケットの予備発射が行われた。関係者が予知したように飛翔後地上に落下したロケットは、火山の石や灰で覆われた山腹にうまく着地し、貴重なデータを取ることができた。

昭和二十年七月末、いよいよ第一回の総合実験が行われた。発射位置の小高い丘の上に指揮所の天幕が張られて、すぐ下に四五度の傾斜を持った発射台が据え付けられた。

この日ははるばる東京から駆けつけた技研、軍令部、艦政本部の首脳陣が見守るうちに、発射準備が進められた。発射台に横たえられたロケットは、胴体は真っ黒に塗られ、尾翼は金色に光っていた。ただ十文字の主翼のみが、純白に輝いているのが印象的だった。

この日の実験は、それまで別々に行ってきた実験をまとめるためのもので、無線関係、操舵装置、安定ジャイロ装置などを含めた総合実験であった。

薄茶のアメ色の丸棒のような推進薬が十八本、ついで伝火薬が入れられて尾部の組み立てが終わり、やがてジャイロが起動され、無線のスイッチが入り、〈奮龍二型〉は完全な作動状態に入った。

そしてついに発射！

〈奮龍〉は尾部から勢いよく白煙を吹き出し、轟音とともに飛び出した。一瞬、ものすごい煙の尾を引きながら浅間山を軽く越え、天地を震わす一大音響に包まれつつ、視界から消え去った。

右旋回、続いて左旋回、やがて舵中央と無線が誘導する。そのたびに〈奮龍〉は正確

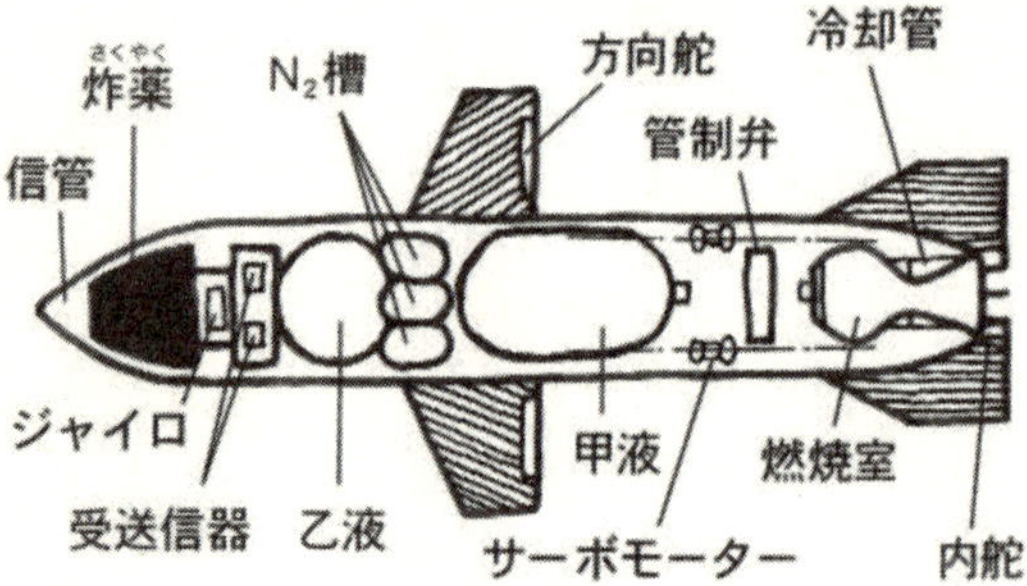

〈奮龍４型〉の構造図

に応答を自動的に打ち返し、目標地点に落下した。

この実験の結果から、〈奮龍〉の飛翔状態はだいたい良好であったが、舵の働きは非常にゆっくりしたもので、左右の動揺はなかなか止まらないことがわかった。しかし、存定地点から二〇メートルとは離れていなかった弾着点から見て、誘導も成功したといってよい。

本格的な地対空ロケットの〈奮龍四型〉は敗戦で姿を消す

海軍のロケット飛翔体研究チームは、〈奮龍二型〉の浅間山での実験に引き続き、本格的な地対空誘導弾として四型の設計と試作に入った。研究の陣容は、二型のメンバーにさらに大学教授と三菱重工業長崎兵器製造所、川崎航空機岐阜工場、東京航空計器などの専門家グループが加わり、伊豆山の旅館に合宿して設計を急いだ。

〈奮龍四型〉の特徴は、二型が固体燃料のロケットであったのに対し、ドイツから資料を得て局地戦闘機〈秋水〉によって実用化に成功していた液体ロケットを内蔵し、頭部に電波式の近接信管を持っていた本格的な地対空ロケットであった。

伊豆山に合宿した関係者は、夜を日に継いで設計を進め、ようやく液体燃料を用いるロケットエンジンが長崎造船所で試作を終わり、地上での試運転を昭和二十年八月十六日に行う予定であったが、残念ながらその前日に日本は敗れ、〈奮龍四型〉は、とうとう一枚の写真も残すことなく永久に姿を消したのであった。

回天

日本海軍の特攻兵器・人間魚雷

戦局劣勢に追い詰められて〈回天〉の出現

太平洋戦争が始まって一年、ガダルカナル島攻防戦が日本軍の敗退で終わり、この決戦で兵力を消耗した日本海軍は著しく劣勢となった。日米両国の国力の差はあまりに大きく、日本はついに最後までこれを回復することができなかった。

すでにミッドウェー海戦で、有力空母とベテラン搭乗員を数多く失っていた日本海軍は、機動部隊を再編成する余裕もなく、潜水艦作戦だけが強力な米海軍に対抗できる戦いであった。

しかし、その潜水艦も思いがけない米軍側のレーダー兵器にとまどい、打ち続く被害で著しく兵力を消耗していた。

こうして従来の戦法では米海軍に対抗できなくなり、追い詰められた日本軍は、必然的に特攻兵器を期待せざるをえなくなった。

昭和十八年の初めに、潜水艦乗りの竹間忠三大尉は、人間がみずから魚雷を操縦して

昭和20年2月20日、硫黄島攻撃の〈伊370潜〉の千早隊が出撃。〈回天〉の上で隊員が愛刀を振って永遠の別れを告げる

〈回天〉の試作艇が完成して特攻の気運が高まる

敵艦に命中させる構想を考え、これによって敗勢の挽回ができると、大本営の潜水艦担当参謀井浦祥二郎中佐に意見書を送った。だが、この時期ではまだ人間魚雷は問題にされなかった。

ガダルカナル戦以後の戦局は敗勢の一途をたどり、昭和十八年末までに、南東方面の要地は孤立し、中部太平洋方面でもギルバート諸島を失い、さらに孤軍奮闘する日本の潜水艦は、米海軍の対潜能力の飛躍的な向上で苦境に立たされるようになった。

このような情勢の中で、特攻への関心が高まっていったのであった。〈伊一六五潜〉の先任将校入沢三輝大尉と航海長近江誠中尉が、人間魚雷の構想を血書の嘆願書にまとめて連合艦隊司令部へ提出したのは、このころであった。

潜水艦の若い士官の間でも、しだいに特攻以外に戦局挽回は不可能という空気が高まりつつあった。同じころ、特殊潜航艇の訓練基地、倉橋島大浦崎のP基地のふたりの若い士官、黒木博司大尉と仁科関夫中尉は、〈九三式魚雷〉を人間魚雷に改造することを考案した。そして黒木大尉と仁科大尉は、軍令部や海軍省に何度も出頭して人間魚雷の採用を嘆願した。しかし、従来までの強襲兵器、特殊潜航艇や特四式内火艇は、必ずしも決死の兵器ではなく、一応攻撃後の収容措置が採られていたから、このころの海軍首脳部では、黒木大尉の考案による特攻兵器を採用する気持ちはなかったようである。

昭和十九年二月、内南洋最大の海軍の根拠地トラック諸島が空襲されて大損害を受け、

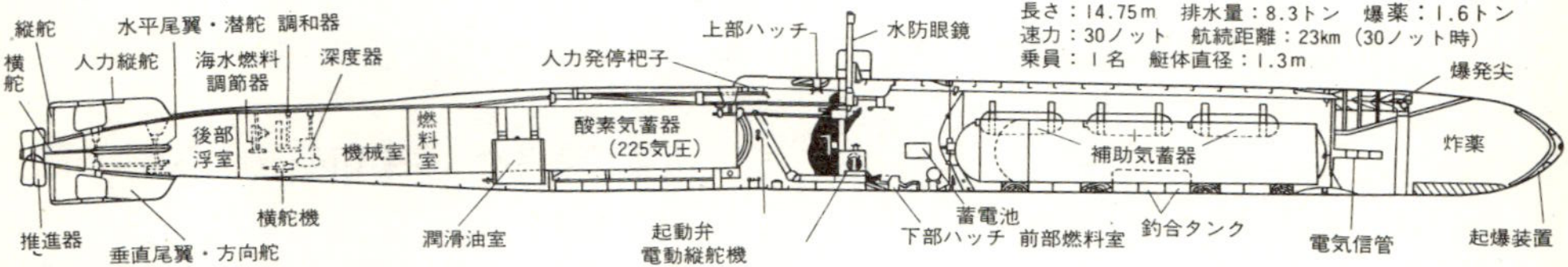
長さ：14.75m　排水量：8.3トン　爆薬：1.6トン
速力：30ノット　航続距離：23km（30ノット時）
乗員：1名　艇体直径：1.3m
縦舵
横舵
人力縦舵
水平尾翼・潜舵
調和器
海水燃料調節器
深度器
後部浮室
機械室
燃料室
横舵機
推進器
垂直尾翼・方向舵
潤滑油室
酸素気蓄器（225気圧）
起動弁
電動縦舵機
人力発停杷子
上部ハッチ
水防眼鏡
下部ハッチ
蓄電池
前部燃料室
補助気蓄器
釣合タンク
電気信管
爆発尖
炸薬
起爆装置

〈回天〉の構造図

戦局は一段と深刻となった。そこで軍令部は黒木大尉の進言する人間魚雷の試作を命じたのである。

七月末、二基の〈回天〉の試作艇が完成し、特攻への気運は急速に高まっていった。完成した試作艇は、音戸（おんど）の瀬戸の東に位置する情島の魚雷発射場で、黒木大尉と仁科中尉による馳走試験が成功し、人間魚雷〈回天〉は制式兵器として採用された。特攻兵器人間魚雷、正式な兵器名は〈回天〉兵器。天を巡らす、戦勢を一変することを念願した仁科中尉の命名によるものであった。

酸素魚雷を母体に秘称㊅兵器の試作

〈回天〉は海軍部内では〈㊅（まるろく）〉という秘匿（ひとく）名称で呼ばれていたが、その母体は日本海軍が育てた世界一の高性能酸素魚雷、〈九三式六一センチ〉（八十四ページ参照）がその母体であった。

〈回天〉は、この〈九三式魚雷〉の気蓄器を二本使用し、前部気蓄器と後部気蓄器の間に、操縦するために必要ないろいろな装置やゲージ類と、やっと座れる程度の座席をつくり、直径一メートルの胴体をつくって前方に気蓄器に続く〈九三式魚雷〉そのもの、つまり機械室、浮室、推進器を結合し、一部舵取装置の部分を改修し、座席前部に全長

人間魚雷と呼ばれた〈回天１型〉

前から見た回天（上）と後方から
見た回天（右）

一二〇ミリの特眼鏡（潜望鏡）を装置していた。

もともと魚雷は戦艦、巡洋艦などの水上艦艇や潜水艦、または攻撃機などから発射されるもので、発射前に与えられた深度、方向、速度によって自走し、命中するようになっており、航走中に二重調深装置によって深さを変化させることは一回に限り可能であった。そのほかの事項についても突っ走ることができるようにするすべての機関が調節されていた。

その魚雷に人間が乗り込んで自由に操縦しようというのであったから、問題は各部門の調節装置に継続して変化を与えるための装置と、その運転を狭い座席でどのように操作すればよいかであり、これを解決すれば、母体が〈九三式魚雷〉であっただけに、その威力もまた世界一といってよく、生産はひそかに呉（くれ）海軍工廠（こうしょう）で〈㊅金物〉の名で行われた。

実験中殉職の遺書にあった海軍の潜水艦魂

こうして〈回天〉の量産が開始されると同時に、ひとりで操縦、観測して敵艦に体当たりして国難に殉じる情熱を持つ若い士官や下士官たちが集められ、八月五日、〈回天〉隊の指揮官に〈伊四一潜〉艦長だった板倉光馬少佐が選ばれて着任した。

いっぽう〈回天〉の訓練基地として徳山湾の大津島があてられ、九月上旬から大津島で板倉少佐を指揮官とし、発案者の黒木大尉、仁科中尉を中心に航走訓練が開始された。九月六日、この日は秋晴れの好天気であったが、海上にはかなりの白波が立っていた。しかし、黒木大尉は「これぐらいの波で使えないなら実戦の役にたたない」と主張、指揮官の許可を得て樋口大尉と同乗し、湾内での訓練を始めたが、実験艇は潜航したままついに浮上してこなかった。

翌日同艇は発見されて引き上げられ、静かに座席の中で死亡しているふたりが発見された。そして、艇内からは事故の原因、処置や意見を詳細につづった二通の遺書が発見されたのである。

黒木大尉の長文の遺書には所見として一〇項目があり、その最後には、「必ず神州こぞって明日より、早刻体当たり戦法に徹することを確信し、神州不滅を疑わず、欣(よろこ)んでここに予(かね)て覚悟の殉職を致すものに候」というものであった。

そして最後に、「〇四〇〇（午前四時）、死を決す。心身爽快なり、心より樋口大尉と万歳を三唱す」と記されていた。

明治四十三年四月十五日、第六潜水艇により、佐久間艇長が殉職したときとその態度は少しも変わらず、日本海軍の潜水艦乗りの伝統がここにも生きていた。

〈回天〉特別攻撃隊の初陣はウルシー環礁の北方錨地

戦局はますます切迫していた。台湾沖航空戦とフィリピン沖海戦のあとに、最初の〈回天〉作戦のため出撃可能の全潜水艦に出撃が命ぜられ、第一次〝玄(げん)作戦〟は三隻の潜水艦で実施されることになった。

潜水艦に〈回天〉を搭載し、敵有力艦隊の在泊する前進基地に近づき〈回天〉を発進させ、空母や戦艦を一挙に壊滅しようというのが〝玄作戦〟である。〈九三式魚雷〉の三倍強の一・六トンの炸(さく)薬を装備している〈回天〉は、命中さえすれば一発でどんな戦艦でも撃沈可能であった。

このため大型潜水艦五隻に〈回天〉搭載工事が急がれ、「回天特別攻撃隊菊水隊」と命名された部隊は、指揮官に第十五潜水隊司令揚田清猪大佐が任命され、次のように編成された。

〈伊三六潜〉(艦長寺本巌少佐)の搭乗員は吉本健太郎中尉以下四人。
〈伊三七潜〉(艦長神本信雄中佐)の搭乗員は上別府宜紀大尉以下四人。
〈伊四七潜〉(艦長折田善次少佐)の搭乗員として仁科関夫中尉以下四人。

そして〈伊三六潜〉〈伊四七潜〉がウルシー、〈伊三七潜〉がコッソル水道と攻撃目

〈回天〉の母艦となった〈伊47潜〉と同型の〈伊16潜〉。

潜航して航走中の〈回天〉。特眼鏡と尾翼が見える

標が定められ、十一月二十日の黎明(れいめい)に決行が予定された。

十一月八日、後甲板に四基の〈回天〉を搭載した三隻の潜水艦は、三輪長官やあとに続く〈回天〉搭乗員らに見送られて大津島を出撃していった。これとは別に十六日早朝、トラック島基地から発進した偵察機〈彩雲〉によってウルシー泊地の強行偵察が行われた。その報告によると、「ウルシー環礁の北方錨地に戦艦群、中央錨地に空母を含む艦艇約二百隻が在泊中」と確認された。

決死の発進「われに百隻の〈回天〉あらば……」

十一月十八日、〈伊四七潜〉はウルシー環礁の北方約六五キロに近寄っていた。翌十九日はさらに近寄り西南方一〇キロの地点から午後一時、環礁ごしに潜望鏡を露頂し、多数の停泊艦船も確認され、〈回天〉搭乗員たちも一人ひとり潜望鏡をのぞいて確認した。彼らはすでに胸の中に自分の攻撃目標を決めていた。

〈伊四七潜〉の〈回天〉隊長仁科中尉は、戦闘日誌に潜望鏡で観測したときの状況を次のように書いている。

「昭和十九年十一月十九日、潜望鏡偵察、午後一時ごろ接岸の予定なりしもリーフに当たる波の音を聴音、露頂観測せるにリーフまで二八〇〇メートル、ついで十一時露頂、

20年5月5日に大津島を出撃した振武部の〈伊367潜〉は前部に2基、後部に1基の〈回天〉を積んでいる

〈回天〉の命中によって、ウルシー環礁内で炎上する油槽艦ミシシネワ

〈回天〉搭乗員の携行食料（サイダーや塩、乾パン、缶づめなど）

搭乗員観測、明らかに見えたる敵有力部隊の昼寝、みごと轟沈、明朝を期す。（中略）在泊艦無慮百数十隻なり。わが〈回天〉使用の絶好の戦機なるに、われの潜水艦わずかに二隻、〈回天〉八基のみ。百基の〈回天〉あらば……遺憾のきわみ」

いっぽう、同環礁の北東からは揚田司令の乗艦する〈伊三六潜〉が接近し、北方泊地の偵察を行っていた。

十一月二十日黎明、予定どおりウルシーに対する攻撃が決行された。〈伊四七潜〉からは四基が発進したが、〈伊三六潜〉からは故障のため一基だけが出撃した。

このときの模様を、〈四七潜〉艦長であった折田善次少佐は次のようにつづっている。

——二十日午前零時半、佐藤少尉、渡辺少尉に乗艇を命ずる。

「佐藤少尉は三号艇に乗艇、令により発進し、リーフ内に進入、敵艦に突撃必中します」と復唱すると、渡辺少尉も同じく元気に復唱し、固い握手を交わすやいなや、さっと身を翻し、暗黒の中に吸い込まれるように愛艇に駆けていった。

午前一時半、わが企図はまだ察知されていない。発進点まであと五マイル、ここより水中進撃に転ずる。

三時、仁科中尉、福田中尉に乗艇を命ずる。七生報国の白鉢巻を締め、闘志満々の両勇士は、力強く命令を復唱したのち、仁科隊長は乗艦中いろいろと世話になったことから、敵情確認敢行、絶好の発進点潜入成功について感謝を述べ、「伊四七潜の武運長久を祈る」と結び、乗員の一人ひとりと訣別の握手をしながら艦内を後部へ、交通筒から〈回天〉に搭乗した。

四時、正確に予定発進点着。各艇発進準備完了。断腸の瞬間がきた。

「一号艇、発進用意」

「発進用意よし」――「あとを頼みます」四時十五分、「用意」「発進」を令した。快音を発して〈回天〉は起動した。電話線が切れた。「馳走状況良好」と聴音室から報告が上がってきた。

訓練中に殉職した黒木大尉の遺骨を胸に同行ふたり、仁科艇は水中特攻潜の先頭を突き進んでいる。

ついで佐藤少尉（九大出身）の三号艇。「ありがとうございました。艦長以下乗員一同の武運長久を祈ります」を最後のことばとして、四時二十分発進。次は四号艇渡辺少尉（慶大出身）。「落ち着いていきますからご心配なく。伊四七潜万才！」に、私も「渡辺少尉万才」と応じ四時二十五分発進。最後は二号艇福田中尉（機関学校出身）。四時三十分発進。電話線が切れる瞬間に、勇壮な雄叫びが私の耳を打った――

ウルシーでの〈回天〉の戦果は油槽艦の大爆発

発進地点から離脱し、〈回天〉の戦果を待ちかねた〈伊四七潜〉は、五時七分にウルシー泊地の真ん中から大火柱が吹き上がるのを確認した。続いて五時十一分、第二の命中を確認して帰投した。この結果、日本側は空母二隻、戦艦三隻を撃沈したものと推定したが、残念ながらウルシーを攻撃した〈回天〉の戦果は、油槽艦〈ミシシネワ〉（二万三〇〇〇トン）を撃沈したにすぎなかった。ミシシネワは第三十八機動部隊に補給する八万五〇〇〇バレルの重油、九〇〇〇バレルの軽油、四〇万五〇〇〇ガロンの航空用ガソリンを満載していたから、〈回天〉命中と同時に爆発大火災を発生、二時間で沈没し、二百九十八名の乗員中六十名が艦と運命をともにした。

ウルシーを安全な泊地と信じていた米海軍将兵に与えた衝撃は大きく、自艦が転舵しても追いかけてくる〈回天〉の悪夢で神経衰弱にかかる者が続出したという。戦後米軍の記録によると、攻撃予定の前日の十九日にコッソル水道付近で米駆逐艦と哨戒機の攻撃を受けて、悲壮な最後を遂げていた。

第二次〈回天〉出撃作戦は規模を大きくして決行

菊水隊による第一次〝玄作戦〟の戦果を大きな戦果と推定した第六艦隊司令部は十二月中旬さらに規模を大きくした〈回天〉使用の第二次〝玄作戦〟の実施を決定し、この部隊を「金剛隊」と命名した。

作戦の目的は、敵機動部隊がカロリン諸島、マリアナ諸島、ブラウン、アドミラルチー、ホランジアの各方面の根拠地に在泊中を捕捉、奇襲することだった。

攻撃予定期日は一月十一日と決定、〈伊五六潜〉、〈伊四七潜〉、〈伊五三潜〉、〈伊五八潜〉、〈伊三六潜〉の五隻は西太平洋上の五大根拠地を奇襲するため、各潜水艦は四基の〈回天〉を搭載して十二月下旬、呉を出港した。ただし、〈伊四八潜〉だけは一月二十日と予定されたので、一月九日瀬戸内海西部を出撃したが、出撃以後消息を絶った。

のち攻撃日は十二日に延期され、攻撃地区は〈伊五六潜〉がアドミラルチー、〈伊四七潜〉がホランジア、〈伊五三潜〉がパラオ、〈伊五八潜〉がグアム、〈伊三六潜〉と〈伊四八潜〉がウルシーと定められ、それぞれ攻撃地区が偵察機によって報告され、予定どおり〈回天〉戦法が行われた。

「金剛隊」の戦果は、日本側では特設空母一、大型輸送船九など合計十八隻を撃沈したものと判断されたが、戦後の調査によれば該当する戦果はない。

続いて硫黄島周辺に千早隊、神武隊。沖縄泊地に多々良隊。この後、〈回天〉戦法は泊地奇襲から洋上艦船攻撃に転換され、天武隊、振武隊、轟隊、多聞隊が沖縄東方海域に相次いで出撃、〈回天〉または魚雷で、重巡インディアナポリスをじめ巡洋艦、輸送船など大小二十六隻を撃沈し、太平洋戦争での日本潜水艦戦の最後を戦ったのである。

なお、人間魚雷〈回天〉は一人用の〈回天1型〉がよく知られているが、二人用の〈回天2型〉、〈回天4型〉もあった。

潮風に鯉のぼりをはためかせながら、昭和20年5月23日、沖縄方面に向かう轟隊の〈伊361潜〉

アメリカの海軍博物館に展示されている〈回天2型〉

人間魚雷〈回天2型/4型〉

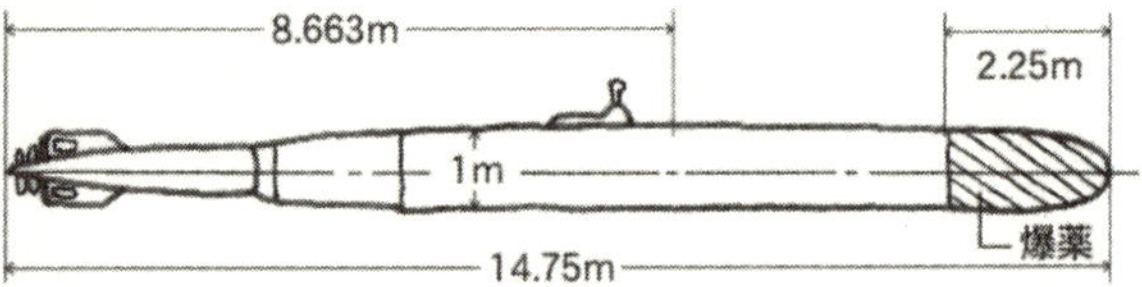

人間魚雷「回天」1型

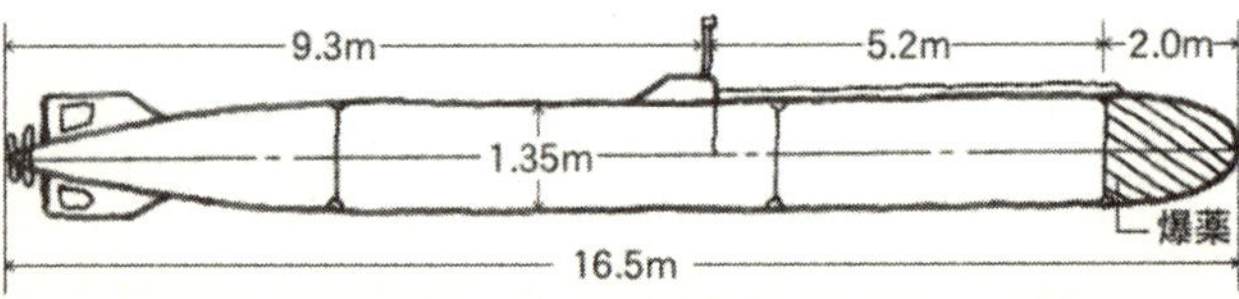

夢想となった太平洋遠征

試作大型爆撃機

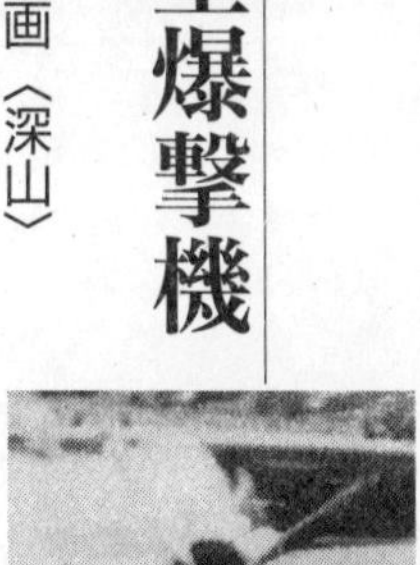

急がれていた海軍の大型攻撃機の開発計画〈深山〉

昭和十三年（一九三八）、海軍は三菱に命じて設計を急がせていた十二試陸攻（のちへ一式陸攻〉となった）に続いて、より行動半径の大きな大型陸攻の開発を決め、この計画機を十三試陸上攻撃機（のちに十三試陸攻〈深山〉）と命名した。

十二試陸攻の航続力は四八五〇キロに達する予定で、この点では列強の双発爆撃機はもちろん、四発重爆をもしのぐ高性能機になるはずであったが、この新陸攻は、爆弾または魚雷二トンを積んで六五〇〇キロの長距離を飛べるという、当時としては画期的なものであった。

しかも日本海軍でいう攻撃機とは、雷撃と水平爆撃が主な目的であったから、この新陸攻も例外でなく、洋上遠く出撃して敵艦を雷爆撃するためのものであった。雷撃には当然かなりの急激な運動を伴うので、同じ四発機でも、ただ水平に飛びながら爆弾を投下するだけの列国の四発重爆とは、まったく異質のものといえる。

13試陸上攻撃機〈深山〉

海軍が戦前に購入し〈深山〉設計の原型となったダグラスDC－4

したがって、四発大型機の経験を積んだメーカーにとっても、かなりの難題となることはわかっていた。

わが国では海軍もメーカーも大型四発機製作の経験に乏しく、飛行艇だけは川西航空機が〈九七式飛行艇〉という四発艇の設計に成功していたが、陸上機では十年ほど前に三菱がドイツのユンカース旅客機をベースにして、九二式超重爆撃機〈キ20〉をつくっただけであった。しかも、この〈九二式超重爆〉もわずか六機つくられたにすぎない。

こうした条件のもとで、海軍の希望するような大型爆撃機を短期間で完成することは不可能といってよかった。

原型機は米国ダグラス社の民間旅客機

そこで海軍は、〈九二式超重爆〉のように外国から適当な原型機を購入し、これをベースにして新陸攻をつくることを考えついたのである。そして選ばれたのが、当時アメリカのダグラス社で試作中の〈DC4〉旅客機であった。

この〈DC4〉は、〈DC2〉、〈DC3〉といった傑作機を製作してきたダグラス社の最新作ということで、各国の注目の的となっていた四十二人乗りの四発旅客機であった。

しかし、このころアメリカは、日本に対して輸出制限を始めていたので、海軍の名でこの〈ＤＣ４〉を購入することは不可能であった。

そこで一策を案じた海軍は、民間会社の大日本航空にこの〈ＤＣ４〉の購入交渉を行わせることにした。そして、同時にダグラス〈ＤＣ２〉の製作権を買い、国産化していた中島飛行機に、〈十三試陸攻〉（Ｇ５Ｈ１）の名で〈ＤＣ４〉をベースとした新陸攻の試作を命じたのである。

この命を受けた中島飛行機では、松村健一技師を設計主務者とするいっぽう十三年三月、三竹忍技師を渡米させた。

三竹技師はサンタ・モニカのダグラス社の工場に約一か月間滞在し、完成近い〈ＤＣ４〉の製作工程を詳しく見学したが、この間、毎夜国際電話で工事の進行状況や各部のデータを、太田製作所にいた松村技師に知らせていた。

おかげで中島側では、アメリカの現場を見ないでも〈ＤＣ４〉の隅々まで知ることができたのである。

毎夜の電話の内容をアメリカ側が知っていたかどうかについては、いろいろな風説が残っているが、ある程度は気づいていたというのが真相らしい。

日本海軍が土台とした〈DC4〉は失敗作のものだった

このときの〈DC4〉は、のち〈C－54〉という名で軍用にも供され、戦後日本航空でも使用したの〈DC4〉とはまったく別の機体で、ダグラス社では失敗作となり、のち再設計したものが有名な〈DC4〉であった。日本海軍はとんだ先物買いをしたことになる。

アメリカ側は製作途中で、すでにこの〈DC4〉の原型は物にならないことに気づいており、これ幸いと日本に押しつけたのだという説さえ伝えられている。これが事実とすれば、国際電話の内容に気づかないふりをしていたこともうなずける。

なお、〈C－54〉となったのちの〈DC4〉は、原型機をスケールダウンして再検討、設計したものである。

こうした事情も知らず、当時の金で二百万円という大金を投じて購入したこの〈DC4〉は、翌十四年の十月十七日横浜港へ着き、直ちに羽田空港へ送られ、ダグラス社の技師の指導のもとで組み立てられた。そして、十一月十一日テスト飛行が行われた。

このとき海軍の鈴木少佐が搭乗することになったが、米人技師同乗では軍服で乗るわけにもいかず、背広姿で大日本航空のパイロットということにして、この巨人機の操縦桿を握った。

このテスト飛行のことは新聞にも大々的に報道されたが、その直後から、この巨大機の姿は国民の目前からピタリと姿を消してしまった。ひそかに霞ケ浦（かすみがうら）へ空輸された〈DC4〉は、同飛行場のツェッペリン格納庫の中で再び分解され中島に送られて、十三試陸攻をつくる資料に供されていたのである。

この〈DC4〉は、二機つくられたうちの第二号機のほうであったが、アメリカでこの〈DC4〉の第二号機がつくられている間に、太田製作所では十三試陸攻の設計製作が進められており、日本へ着いた〈DC4〉がテストをするころには、十三試陸攻の機体は九分どおり完成していたのである。

これは、前にも述べたように、アメリカへ視察に行った三竹技師が毎日もたらしていたデータのおかげであった。

第一号試作機〈深山〉の完成

そして十四年十二月、十三試陸攻の第一号機〈深山〉が完成したが、本物が到着する前にコピー版がほぼ完成していたというのは、航空史上でも珍しいケースである。

もちろん、コピー版といっても旅客機がそのまま陸攻に使えるわけではなく、胴体は完全に中島独自の設計であった。

主翼は、外形も寸法も〈DC4〉とまったく同じであった。構造も同じであったが、緩降下雷撃ができることを海軍から要求されていたため、〈DC4〉のままでは強度が不足で、強度増加策が採られていた。尾翼は垂直尾翼を三枚から二枚にした以外は、ほとんど同じであった。

内部艤装も、ほとんど〈DC4〉のものを踏襲しており、油圧関係もほぼ同じであった。

銃座関係だけは、独自のものが採用され、とくに二〇ミリ砲を搭載した尾部銃座は、回転部についてひれの角度を変え、風圧で銃座を回転させるという非常におもしろいアイデアを採り入れていた。

エンジンは当時としては最大の出力を持った〈護22型〉（一八七〇馬力）が選ばれて搭載された。

〈深山〉は格納庫もなく野ざらしにされた

こうして、内外の技術と知識を盛り込んで完成した十三試陸攻は、海軍の期待を両翼に担ってテストを開始したが、その結果は、まことに惨憺たるものであった。

失敗の最大の原因は、大型機設計の経験に乏しかったため、重量見積もりの不手際から、完成重量が予定重量より二〇％も多くなってしまったことである。

それに加えて、〈護〉エンジンが出力の割に重量が大きく、振動も多いという欠点や、タイヤの不良、高圧油圧系統の油漏れ、油圧発生装置の不具合などのトラブルが重なり、失敗へと追い込まれたのである。エンジンの問題は別としても、油圧関係やタイヤのトラブルは、わが国の工業力の弱点を示したものといえる。

タイヤにしても、大きなシングル車輪にせず、同クラスのB－29のように二重式にしたほうが楽だったはずで、こうしたところにも、大型機に対する経験不足があらわれている。

この十三試陸攻は、のちに〈深山〉（制式採用されていないので、正確には〈試製深山〉）と名づけられたが、十六年までに六機つくられただけで、生産は打ち切られてしまった。この六機のうち、十六年に完成した五、六号機はエンジンを〈火星12型〉に換装しており、〈深山改〉（G5N2）と呼ばれている。

この六機は各種の実験用に用いられていたが、戦局の変転に伴い輸送機への転用が考えられ、三、四、五、六号機の四機は、昭和十八年に改造して第一〇二一航空隊に配属され、南方への武器、部品などの輸送機として活用された。とくに、〈深山〉の大きな爆弾倉は、魚雷運搬用としては好適であったという。

なお、陸軍でも〈キ68〉という名称で〈深山〉を使用することを考えたこともあり、この計画はのちに〈キ83〉という名で川崎へ引き継がれたものの、結局計画だけに終わった。

昭和二十年に入って、日本の関東各地を襲った連合軍機動部隊の艦上機は、飛ぶに飛べず、入れる格納庫もない野ざらしの〈深山〉を、よほど秘密の重要機種かと誤認したらしく、来襲のたびにしつこく攻撃を繰り返し穴だらけにしていったものである。

〈深山〉の経験から生まれた戦略爆撃機〈連山(れんざん)〉

失敗に終わった十三試陸攻〈深山〉に続いて、海軍は三菱に十六試陸攻〈泰山(たいざん)〉(M)、川西に十七試陸攻(K－100、KX－1)などの設計を命じていたが、さらに昭和十八年初め、中島に対して四発の十八試陸攻〈連山〉の設計を命じた。

この〈連山〉(G8N1)は、もちろん従来の陸攻のように雷撃にも使う予定で、とくに〈連山〉用として、試製魚雷Mと呼ばれる二トン魚雷の開発も併行して進められてはいたが、どちらかというと遠方の敵を攻撃する戦略爆撃機的な色彩が濃くなっていた。

海軍の考えた性能は、最大速度が五九三キロ／時以上、航続力が攻撃過荷状態(爆弾一トン)で六四八二キロ以上、偵察過荷状態で七四〇八キロ以上というものであった。

昭和14年12月完成してテストを続ける〈深山〉

厚木基地に野ざらしに放置されていた〈深山〉第3号機

型　　式	4発　中翼単葉
全　　長	31.02m
全　　巾	42.14m
航続距離	6,500km（計画）
最大速度	420km/h（計画）
爆　　弾または魚雷	2,000kg

〈深山〉の要目

爆弾は最大四トンで、強力な武装と完備した防弾装置を指示した点が、従来の陸攻その他の日本機とまったく異なっており、とくに防弾は、火がつきやすいことからワンショット・ライターといわれた〈一式陸攻〉の弱点を改良したものであった。強力な武装といい、戦闘闘機に勝る速度といい、本機が戦闘機の護衛なしに単独で強襲的な用法に用られるということを物語っていた。

中島では、〈深山〉と同じように松村技師をチーフとして設計に取りかかり、十九年二月一日、小泉製作所で第一号機〈連山〉を完成させた。

この間一年十か月足らずである。関東地区の敵空襲に備えて工場疎開の相次ぐあの戦時下に、これだけの短時日で、しかも大型機をまとめ上げたということは驚異的なことである。もちろんその陰には、失敗に終わったとはいえ〈深山〉をつくった経験と、そのときの資料が大きく役立っていたことはいうまでもない。

当時日本の傑作機〈連山〉の特徴

この〈連山〉の特徴は排気タービン、層流翼、二重スロッテッド・フラップなどの新技術を採り入れ、できる限りの性能向上をはかったことと、側方銃座以外は全部動力銃座を採用したことなどで、爆弾搭載(とうさい)量はB-29より機体がひと回り小型で、エンジン出力も約一〇%少ないため当然少ないが、〈連山〉と同クラスのアメリカのB－17やB－24より勝っており、武装は二〇ミリ銃六門、一三ミリ銃四丁でB－29の武装を上回っていた。

エンジンは、傑作といわれた〈誉24型〉（NK9K）に、日立92型排気タービン過給機をつけたもので、〈誉24型ル〉（NK9KL）と呼ばれていた。

タービンや中間冷却器をつけたため、エンジン・ナセルはコンパクトな〈誉〉を積んだわりにはかなり太くなったが、それでも強制冷却ファンをつけて極力前面積を絞り、抵抗減少をはかっていた。

なおタービンについては、当初タービンにするかロケット排気管にするかという点で、かなり議論があったとも伝えられている。

この日立92型タービンは、立ち遅れていた日本の排気タービンの例に漏れず、技術的には未完成でトラブルは多かったが、本機の使命や当時の戦略爆撃機の設計の傾向から考えて、タービンを採用したことは当然の方策であったといえる。

動力銃座は、機首が十八試二〇ミリ連装上方銃架、下部が十八試二〇ミリ連装下方銃架と呼ばれるもので、尾部の二〇ミリ連装尾部銃架だけはB－17のものを参考にしていたが、そのほかは日本独自の設計によるものであった。

照準器はすべて光像式となり、尾部と機首が三式小型、そのほか十八試射撃照準器が装備された。

この尾部銃座の設計にあたり、アメリカのＢ－17を参考にしたため〈連山〉はＢ－17のコピーであるという説が伝えられたこともある。しかし、〈深山〉の場合と違い、〈連山〉はまったく日本独自の設計であり、空気力学的にもＢ－17などは及びもつかない傑作機であった。

本機で特筆することは厚板構造の採用により、使用鋲数は双発の〈銀河〉でさえ三十八万本あるのに対し、四発の〈連山〉はわずか四十万本で工程が少なく量産に適するそのうえに、自重も予定の一九トンより実に一・六トンも軽く仕上がったことは賞讃に値する。

海軍では、当初から近距離攻撃が〈銀河〉、長距離攻撃が〈連山〉という構想を持っており、試作六機、（十九年三機、二十年三機）、増加試作十機（二十年五月までに完成）、量産機を二十年四月から九月までの間に三十二機、あわせて四十八機を発注した。

資材は〈深山〉用に用意されたものがあったので、これを利用することになっていたが、材料不足を見越して十九年に入ると鋼製の〈連山〉の計画も開始されていた。

この鋼製のほうは、すでに艦船をつくる資材も不足し、手あきとなっていた艦政本部の協力によって設計が進められていた。

第一号機に続いて十九年十二月第二号機、二十年三月第三号機、二十年六月に第四号

正面から見た〈連山〉

18試陸上攻撃機〈連山〉

戦後アメリカ・ライトフィールド基地で米軍のテストを受ける〈連山〉

機が完成したが、戦局の悪化から特攻機と戦闘機に生産の重点を移した海軍は、二十年六月に〈連山〉の開発を中止した。

このため海軍が領収したのは一、二号機だけで、一号機は横須賀でテスト中、二十年一月、着陸のときに尾部が折れるという珍しい事故を起こしたこともあったが、あとで青森県の三沢飛行場で被爆焼失した。

記録によると二号機も三沢で被爆焼失、三号機は未領収のまま小泉飛行場で爆砕、四号機だけが健在で一度も飛行は行われなかった。また、戦後米国へ運ばれてテストを受けたが、米軍側では〈連山〉を得るところなしとして参考資料にしただけであったという。なお、〈連山〉に〈桜花43型〉を搭載する計画もあり、この〈桜花〉母機型は、〈連山改〉（G8N1A）と名づけられていた。

巨大な長距離爆撃機〈富嶽（ふがく）〉の雄大な計画の夢

まだ〈連山〉の計画が始まっていなかった昭和十七年の末、中島飛行機の社長中島知久平氏は、太平洋戦争の前途を考慮して、独自の「必勝防空計画」と呼ばれる計画を立案した。この計画は、防空とはいうものの米本土進攻計画作戦で、社内ではZ（ゼット）計画と呼ばれた。計画では六発の巨人機が主役となり、爆撃、雷撃、輸送、地上掃射（そうしゃ）用の各機種

斜め前から見た〈連山〉。4つの誉型エンジンが積まれた傑作機

日本軍にろ獲されてテストされる〈B－17〉。米軍は〈連山〉を〈B－17〉のコピーと判定したが、〈連山〉は日本独自の設計で、〈B－17〉よりはるかに性能が優れていた

をつくり、まず爆撃型と掃射型で米国太平洋岸の航空基地と航空機工場、軍需工場をたたきつぶしておいて、輸送機型で空挺部隊を次々と送り込み、米本土を占領し、早期に戦争を終結しようというもので、その間に雷撃型は、海上の敵艦隊を撃滅することになっていた。

爆撃型は爆弾二〇トン、雷撃型は一トン魚雷二十本、輸送型は兵員二百名を積み、掃射型は、下方へ向けて七・七ミリ銃なら四百丁、二〇ミリ銃なら九十六丁積むという、まことに雄大な計画であった。

昭和十八年早々、中島氏はみずから計画実行委員長となり陸海軍大臣も加えた計画委員会がつくられ、スタッフは三か月間設計室に泊り込み、昼夜兼行で作業を進めた結果、全幅六五メートル、重さ一六〇トン、最大速度七八〇キロ／時、爆弾二〇トンを積んで一万六〇〇〇キロ飛ぶという基本案をまとめ、十八年の秋には図面もほぼ完成したのである。

エンジンは、中島が新しく開発中の空冷一八気筒二〇五〇馬力のハ44（旧名称ハ２１9、社内名ＢＨ）を二基串型につないで四重星型三六気筒にしたものを装備し、直径四・八メートルの三翅二重反転ペラを駆動することになっていた。この三六気筒エンジンには、ハ54（旧名称ではハ５０５）という名がつけられ、社内では「Ｄ・ＢＨ」（ダブルＢＨの意）と呼んでいた。

そして十八年秋、このZ計画は陸海軍共同の試作機として採り上げられることになり、〈富嶽(ふがく)〉という世紀の巨人機にふさわしい名称が与えられた。陸軍と海軍とでは考え方が違うため、いろいろと議論が対立し難航することもあったが、とにかく国運をかけた計画は、一歩一歩と前進していった。ところが、ここでハ54の開発がもたつき始めてしまったのである。

問題は、どうやってエンジンを冷却するかということであった。ぜんぶ空冷にしたのでは、どうしても後部エンジン冷却が不十分となるので、後の二列目を液冷にする案も検討され、なんとか冷却できる見通しはついたが、完成はかなり遅れる見込みとなった。

名称についても、G10N1という名が伝えられているが確実なものとはいえない。また、外形についても数種の図面が伝えられているが、機首はB-29のような段のないタイプで、主翼は直線翼、尾翼はわりと背が高いというのが〈富嶽〉の最終型のようである。

そこで、応急策としてハ44エンジンを〈富嶽〉に搭載する案も立てられた。

この案はGF案とも呼ばれ、エンジンの出力は当初の半分となった。そのため最大速度は、原案の七八〇キロ/時から六八〇キロ/時に落ち、航続力も爆弾搭載量も約五トンに減らされたが計画は強行された。すでに中島飛行機三鷹研究所の構内では、組み立て用の巨大な格納庫の建設も開始されており、生産に必要な資材も続々と集められていた。

しかし、十九年に入ってサイパン失陥（しっかん）に伴い軍の方針が変わり、この富嶽計画は放棄されることになった。こうして全幅六五メートルの巨人機〈富嶽〉は消え去ったが、これがもし完成していたなら、当時としては世界最大の巨人機となったはずであり、最大速度六八〇キロ／時（高度一万メートル）、実用上昇限度一万五〇〇〇メートル以上、航続力は爆弾五トンのときが一万九四八キロ、一五トンのときが一万六五八キロという驚異的な性能となるはずであった。

もちろん、高々度を飛ぶための気密室は装備されることになっていたが、本機に盛り込まれた技術で異色のものは、二重になった主車輪の外側のものを離陸後に投下して、重量も軽減するという構想である。

なお、Z計画と〈富嶽〉にはいろいろな案があり、三〇〇〇馬力のハ50を積む計画もあったといわれている。

型　　式　4発　中翼単葉「連山」
全　　巾　32.540m
全　　長　22.935m
航続距離　7,040km（計画）
最大速度　593km/h（計画）
爆　　弾　250kg×8または2,000kg×2

爆撃機〈富嶽〉の要目

型　　式　6発　中翼単葉
全　　巾　65.00m（計画）
全　　長　45.00m（計画）
全　　高　12.00m（計画）
航続距離　18,500km（計画）
全備重量　160,000kg（計画）
最大速度　680km/h（計画）
爆　　弾　20,000kg（計画）

試作機〈富嶽〉の要目

海軍ストーリー
「われに追いつくグラマンなし」高速偵察機〈彩雲〉

高速偵察機は陸軍が早くから手がけ、〈九七式司偵〉〈一〇〇式司偵〉で実用化していた。海軍もその必要性に気づき、陸軍の同型機を借用して使ったが、艦上機でのこの種の開発が大幅に遅れていたため、大戦初期の機動部隊はしばしば戦機を逃がし、損失を倍加させていた。このことから高速艦偵の開発が決定し、完成したのがこの〈彩雲〉であった。〈彩雲〉を実現させたのは、小型小直径で大出力の世界無比の〈誉〉エンジンの完成で、胴体はこのエンジンに合わせてきわめて細くなり、抗力減少がはかられ、全長は母艦昇降機の制限いっぱいになっている。〈彩雲〉の垂直尾翼が前傾しているように見えたのは、昇降機上での地上姿勢時、尾翼が昇降のじゃまにならないようにという配慮である。さらにエンジンに単推力排気管をつけ、ジェット効果による速力増大をはかり、主翼は〈零戦〉なみの小面積で、薄い層流翼の八割までが燃料タンクであった。

最大六一〇キロのすばらしい性能で、終戦まで本機をしのぐ米戦闘機は出現しなかった。南方作戦中の〈彩雲〉から「われに追いつくグラマンなし」との電文は、あまりにも有名である。また、一六六三海里（三〇八〇キロ）という大航続距離は、艦上機の概念をはるかに超えたものであった。

終戦まで「我に追いつくグラマンなし」の電文で名を馳せた高速偵察機〈彩雲〉。本機をしのぐ米戦闘機は出現しなかった

秋水

B-29の猛爆を迎撃する局地ロケット戦闘機

ドイツのMe163Bの資料を日本海軍入手

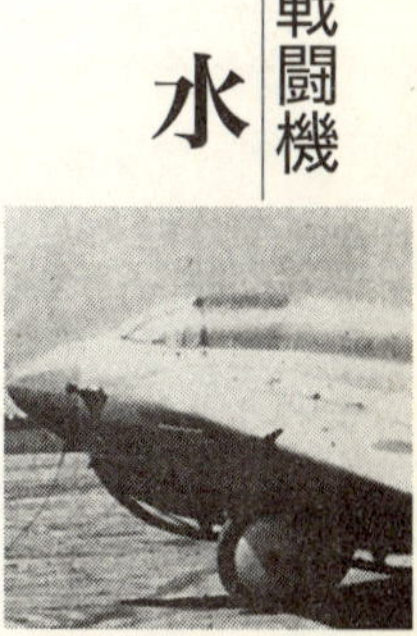

第二次大戦中、これまでのレシプロエンジンにかわって登場し、実用化された推進機関にロケットエンジンがある。とくにドイツでは、一九三六年に大規模なロケット兵器研究所がペーネミュンデに設けられ、極秘裏にV2号ロケットをはじめ各種のロケット機関が開発され、その研究業績は断然世界を引き離すほどの力を持っていた。

第二次大戦勃発とともにドイツ陸軍の新兵器推進は強力となり、ロケットの研究開発は一部民間会社にもゆだねられ、中でもワルター社は有力なエンジンメーカーとなり、一九三六年には過酸化水素を使用する離陸補助ロケットの開発に成功し、一九三八年にはメッサーシュミットMe163に装備されたエンジンの基礎ができ、一九三九年にはリピッシュとの協力でMe163Aの開発が着手された。

ドイツのロケットエンジンの形式は、出力コントロールが容易で、かつ持続時間が長いという特徴を持つ、二薬液体ロケットが主流であった。燃料（被酸化剤）と酸化剤と

ロケット戦闘機〈秋水〉は技術者の心血努力の結晶

〈秋水〉の母体となった世界最初のロケット戦闘機メッサーシュミット〈Me163コメート〉

ドイツに派遣されて〈秋水〉の資料を持ち帰った〈伊19潜〉と同型の〈伊26潜〉

の組み合わせの研究は多種にわたり、今日実用化されて知られているロケット燃料の大部分がすでに網羅されていた。

完成兵器としては、濃エチルアルコールと液体酸素を用いるペーネミュンデのV2号地対地誘導弾とその変種、濃過酸化水素と水化ヒドラジン・メタノール混合液を用いるワルターのエンジンを装備したメッサーシュミットのMe163B、C有人迎撃機、そしてバッヘムのナッター有人特攻迎撃機、発煙硝酸とヴィゾール（ディビニール・イソブチール酸エステル）を用いるエレクトロ・ウェルケのエンジンを装備した、ペーネミュンデのパッサーファル地対空誘導弾などが代表的なものである。

これらの中で実戦に参加した兵器は、大型のものとしてはV2号とMe163B（一九四五年初頭）、小型のものとしては戦闘機に搭載する無誘導のM4R73ミリロケット弾（火薬推進）、そして濃過酸化水素と過マンガン酸カリ（またはソーダ）水溶液を用いるワルターのエンジンを装備した、ヘンシェルHs293空対地滑空誘導弾（一九四三年）がある。

この中でもMe163は、無尾翼機の主唱者として有名なリピッシュの設計による無尾翼式のロケット飛翅体であった。

このMe163Bの機体とロケットエンジンが、終戦の前年の昭和十九年三月と四月、日独軍事援助協定によって技術資料二組（製造図面は間に合わず）が駐独日本海軍武官に引き渡され、一組は潜水艦〈さつき〉（皐月、ヒトラーが日本海軍に贈ったドイツ潜水艦U512）で吉川技術中佐に守られ、ほかの一組は潜水艦〈松〉便（伊二九潜）で巌谷技術中佐に守られて、大西洋、ケープタウン、インド洋を経由して日本に送られた。

不幸にも〈さつき〉の資料は吉川技術中佐らとともに大西洋上で連合軍に撃沈され失われたが、〈松〉は三か月にわたるスリルと困難を突破して七月十四日、シンガポールに到着し、巌谷中佐は飛行機に乗り換えて、七月十四日東京に貴重な一組の資料を携行した。

それは、Me163Bの機体とエンジンの設計説明書、ロケット燃料となる甲乙両液の化学的組織、甲液の比重表とその取り扱い説明書と巌谷中佐個人によるメッサーシュミット社での調査記録（BMW003ターボジェットの一般組み立て図一枚）であった。

日本製Me163の開発に心血を注ぐ

巌谷技術中佐が東京に着いた日から、連日のように海軍航空技術廠では部内関係者が集まり、真剣な討議の会議が開かれた。そして、昭和十九年七月二十七日の陸海軍と三菱を交えた初の官民合同研究会で、内容の検討と試作計画、官民の分担大綱の取り決めが行われた。

ところが、この新型航空機を日本に受け入れるについては、燃料となる過酸化水素やヒドラジンの大量生産には膨大な電力を要し、アンモニア、硫酸そのほかの生産を圧迫し、薬液を製造する点だけでも世界第一の化学工業国ドイツと異なり、わが国の能力ではとうてい多数の飛行機の整備は不可能に近かった。なにしろ本機一機が一回（五、六分）飛べば約二トンの甲、乙両液を消費した。

しかも航続時間が短いため、実戦で効果を上げるためには多数の機体を必要とし、また甲液は有機物に触れると激しく反応し、皮膚につけば火傷を起こし、銅、鉛、亜鉛、鉄銹（てっしゅう）などと反応しやすく、貯蔵はガラスまたは錫（すず）内張りの容器に入れて冷暗所で行わなければならず、万一発火した場合は貯蔵庫が爆発するという、実際には取り扱いにも大きな難点があった。

このような理由から、海軍部内の賛否両論と、指定メーカー三菱重工の躊躇（ちゅうちょ）を押し切って、この革新的な兵器の試作から量産計画に踏み切らせたものは、実に空技廠長和田操中将と海軍伝統の技術魂であった。

新ロケットは完成を急ぐため、乏しいドイツの資料を研究して、できる限りそのままのものを再現する方針が採られた。とくにエンジンは未経験の型式で、どんな細部にもやってみなければわからない事項が多かったので、関係者は資料の説明書に示されたワルターHWK109－509Aエンジンの再現に心血を注ぎ、短時間の間に設計図を作製し、続出する故障を克服しながら試験・改造を行い、実用にはほど遠かったが、とにかく終戦直前の七月七日、第一回の飛行試験にまで漕ぎ着けたのである。

〈秋水〉の希望生産計画は現実離れしたものだった

設計試作の分担は、機体は海軍指導のもとに三菱重工名古屋航空機製作所があったが、エンジンは陸軍の監督のもとに、三菱重工名古屋発動機研究所が主務となり、海軍航空技術廠発動機部、三菱重工長崎兵器製作所がこれに協力した。そして推進薬液の製造は、海軍第一燃料廠、三菱化成、江戸川化学があたった。

しかし、十九年十二月に三菱名古屋発動機製作所がB－29の初空襲を受けたので、その後はタービン・ポンプ系の実験、改良、製作は九州大学の葛西教授指導のもとに、広海軍工廠が担当することになった。また、部品はワシノ精機、日立、石川島、三菱京都機器製作所なども協力した。まもなくエンジンの総合運転実験が始まると不具合が続出し、いっぽうでは空襲が激化したため協力連絡に特別の手段が必要となり、実験と改良の主体は海軍と陸軍、三菱名研の二グループに分かれ、それぞれ連絡を取りながら進められた。

この飛行機は〈秋水〉と命名され、エンジンは特ロ二号、またはＫＲ10と名づけられた。また、試作機の飛行試験と操縦者の養成を急ぐため、実物と同型の全木製軽滑空機〈秋草〉と、実機からエンジン、タンク、兵装を除いた重滑空機（三菱製）によって、十九年十二月から翌年三月までの間に実験試験のための低速滑空試験は順調に済み、その後はひたすらロケットエンジンの完成を待った。十九年八月に陸海軍の作製した〈秋水〉の希望生産計画は、二十年三月までに百五十五機、同年九月までに千三百機、二十一年三月までに三千六百機という現実離れしたものであった。

特ロ2号ロケットエンジンの作動原理

〈秋水〉に搭載されたロケットエンジンは、二薬液体ロケットで、次の甲乙両液の化学反応によって発生する高温高圧のガスをラバル・ノズルから噴出し、その反動によって推力を得るものであった。

甲液　（ドイツではT液という）過酸化水素の八〇％水溶液に、安定剤として八オキシキノリンとピロ燐酸ソーダなど少量を添加したもので、無色透明で有機物に触れると激しく反応し、皮膚につけば火傷を起こし、銅、鉛、亜鉛、鉄銹などと反応しやすい。冷暗所にガラスまたは錫（すず）内張りの容器に入れて貯蔵しなければならず、不注意により発火した場合は貯蔵庫が爆発する危険があり、取り扱い中の事故の際は多量の水で稀釈

〈秋水〉の特ロ２号ロケット原動機

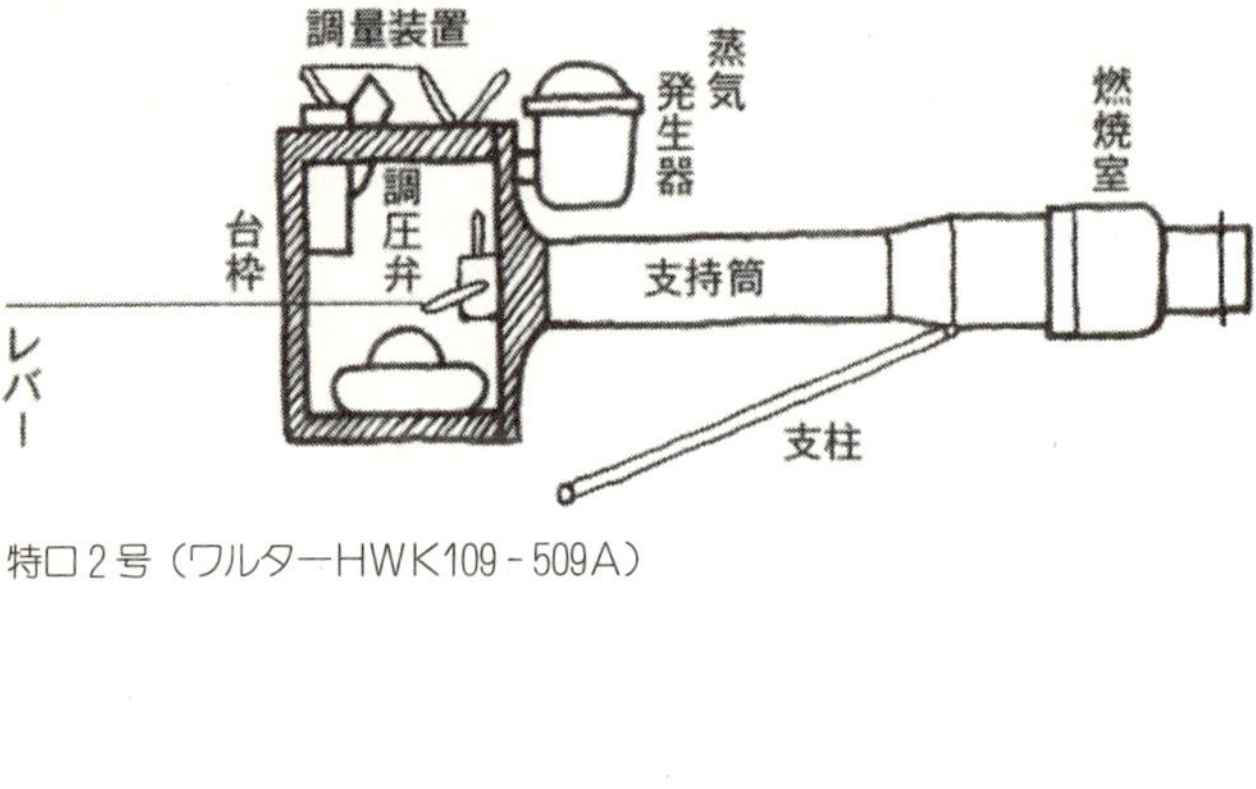

特ロ２号（ワルターＨＷＫ109－509Ａ）

しなければならなかった。

乙液（ドイツではC液という）重量比で水化ヒドラジン三〇％、無水メタノール五七〜五八％、水一二〜一三％の混合液に、反応促進剤として微量の銅シアン化カリ二・五グラム／リットルを添加したもの。この甲乙両液の最適混合比は実験を重ねた結果、重量比で甲液一〇対乙液三・六と決められた。

焼燃ガスの温度は約一八〇〇度C、圧力は約一九キロ／平方メートル（燃焼室内、最大推力時）、ラバル・ノズルからの吐出速度は一七〇〇メートル／秒内外（消炎筒を通る直前）、ガスの色は不完全燃焼の場合は薄赤であったが、完全燃焼時には無色に近い淡黄緑色で、排気の中心部に濃い黄緑の虎の尾状のシマが見られた。

東海地方大地震や空襲で遅れた試作機

〈秋水〉の実物大模型審査いわゆるモックアップテストは、昭和十九年九月八日から二十六日にかけて終了し、試作機は無艤装の滑空試験用（重滑空機と称した）二機、強度試験用一機、完備機二機がつくられた。無尾翼、中翼単葉単座機で、主翼は大きな後退角を持ち、補助翼が昇降舵を兼ね、主翼つけ根に前後修正舵、主翼主桁の下縁材後縁にスプリットフラップ、外翼前縁に固定スラットがあり、構造は木製単桁合板外被で、胴

〈秋水〉の断面図

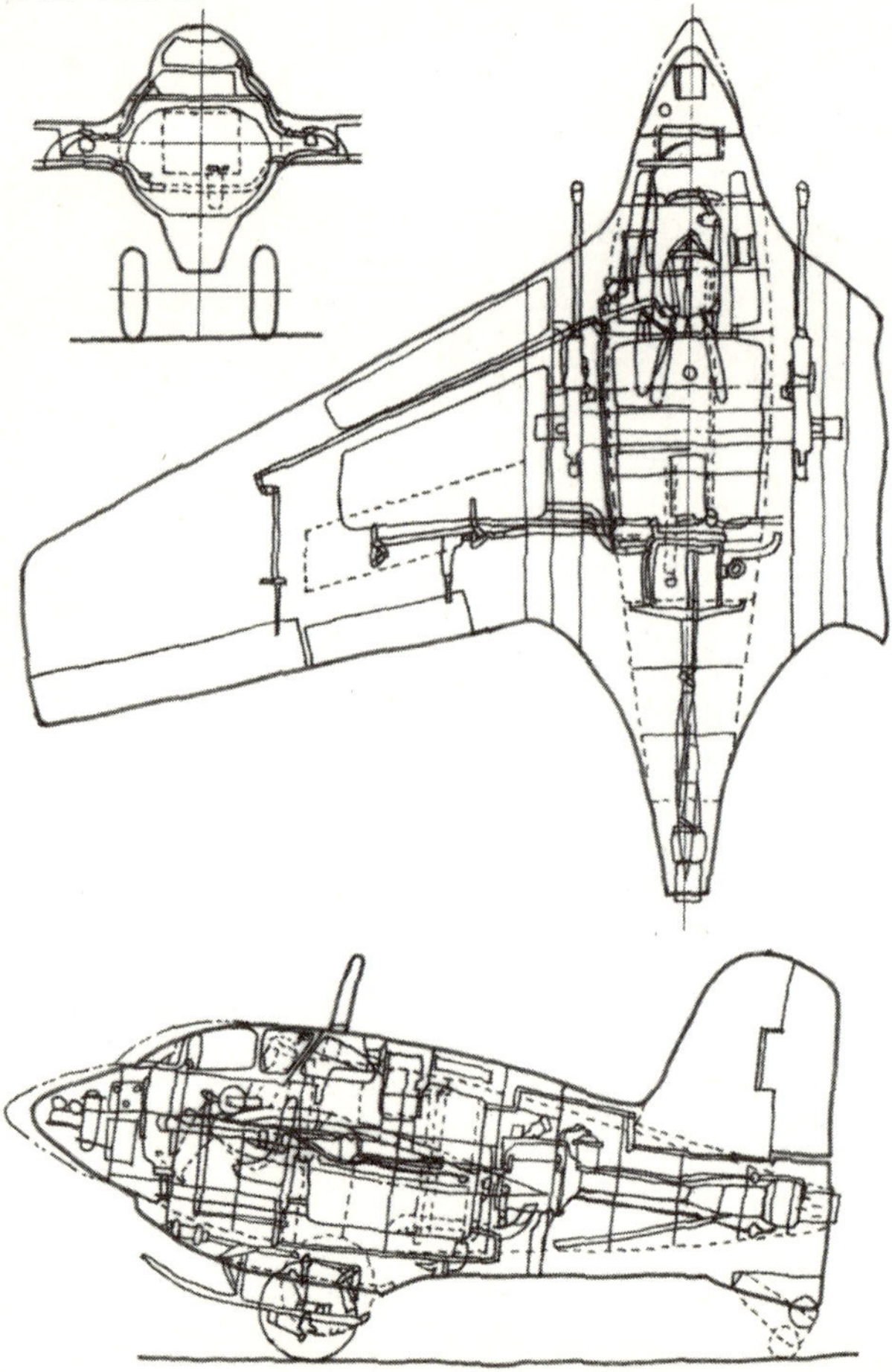

体だけは円型断面の軽合金製で、垂直安定板、方向舵は木製であった。

主車輪は離陸後、主橇（しゅぞり）を引っ込めると同時に落下する構造で、主橇は着陸時に降ろすようになり、尾輪は主橇と同時に引っ込む方式のものだった。

そして、過酸化水素は胴体中部のタンクに、水化ヒドラジンは翼内タンクに搭載された。兵器は両翼つけ根に二〇ミリ機銃（弾丸五十発）を各一丁装備した。このほか離陸用として、火薬ロケットを装着したロケットエンジンは、海軍、陸軍、新三菱重工、三菱造船、九州大学などの共同で研究試作が行われた。当時一般から供出された白金は、過酸化水素生産のため電極にあてられたものである。

昭和十九年十二月一日には、重滑空機第一号で機体構造審査が行われたが、不運にも同月七日に東海地方に大地震が発生し、〈秋水〉製造工場の胴体、主翼のジグに狂いを生じたので、製造中の各部をジグから降ろして機体のジグとの修理を行ったが、電力、ガス、水道などの被害復旧が意外に手間取っている間に、十八日には今度は三菱の大江の機体工場がB－29の初空襲を受けて、工事は再び停止してしまった。

しかし、幸いにも被害を免れた機体は分解されて空技廠に送られ、田浦の山腹をくりぬいてつくられた壕内で艤装作業が行われ、翌二十年一月二日には重滑空機としての完成審査がどうにか済んだが、この期間には飛行試験担当の小野少佐は病気となり、犬塚豊彦大尉がこれにかわった。

〈秋水〉訓練用の全木製滑空機〈秋草〉の前に立つ犬塚大尉

第１回目の試験飛行直前。座席内は犬塚大尉

軽滑空機〈秋草〉による珍しい飛行試験

これより先、空技廠科学部によって操縦安定性の予備試験と、操縦者の訓練用として同形の全木製滑空機がつくられ、軽滑空機〈秋草〉と命名された。〈秋草〉第一号機は、秋水部隊として編成されたばかりの第三一二航空隊の基地、百里ケ原（茨城県）で十九年十二月二十六日、犬塚大尉によって練習機〈白菊〉を曳航機として飛行試験が開始された。

オレンジ色に塗られた〈秋草〉が、濃緑色の〈白菊〉練習機にのんびり曳航されて霞ケ浦上空を飛んでいるのを筆者も見たことがある。次いで〈秋草〉第二号機は立川に送られ、陸軍の荒蒔少佐によって飛行試験が始められた。その結果、つり合い、安定性、舵の効きとともに良好、車輪投下、橇と尾輪の収納、着陸操縦性も異常なく、操縦者の訓練用にもそのまま使えると判定された。

重滑空機第一号は実測重量一〇三七キロ、重心位置一六・八％で、昭和二十年一月八日、これも百里ケ原で犬塚大尉により、〈天山〉艦攻を曳航機として初の飛行試験が行われた。成績は軽滑空機と同様に良好であったが、各部に生じた不具合が改修され、三月に入って滑空機で試験できることはすべて終了した。

秋水型の練習滑空機〈秋草〉

完成した工場内の〈秋水〉

陸軍は重滑空機による試験はとくに急ぐ必要はないと認めたらしく、あとで海軍が使った重滑空機を借りて、柏飛行場（千葉県）で八月に滑空試験を行ったが、曳航機からの離脱が早すぎて飛行場に入ることができず、松林に不時着大破し、操縦者は重傷を負い、陸軍の第二回実験は失敗した。

B－29を避けて転々としたエンジン工場で整備完了

〈秋水〉の第一号機は、二月末にエンジンのダミーを装着して完成に近づいたが、三菱重工名古屋航空機製作所の工場は、防空設備がほとんど皆無に等しかったので、B－29の空襲を避けるため横須賀の空技廠に送られた。三月中旬、実物エンジンなしの状態で中間完成審査を受け、夏島の防空壕で艤装上の小改修が行われ、エンジンの完成を待った。

しかし、夏島も空襲から安全でなくなり、万一被爆したら海軍のロケットエンジンの研究は挫折するので、五月末、かねてから準備中であった箱根の山北駅奥へのエンジン・グループの疎開が行われた。そのころ陸軍と三菱との協力で松本のエンジン運転実験場が完成したので、夏島に残っていた三菱名発のグループは松本に移って陸軍に合流した。

その後は小さい不具合の調整の段階に入り、山北、松本で互いに連絡を取りながら昼夜兼行で実現が急がれた。やがて六月中旬、松本で三分間、山北で四分間の連続運転に初めて成功して、ようやく飛行試験可能との結論に達し、山北製第一号エンジンは〈秋水〉第一号機に装備されて海軍試験用にあて、松本製第一号エンジンは〈秋水〉第二号機に装備されて陸軍試験用にあてられることになった。

こうして両エンジンは六月末夏島に送られ、そこで機体に積み込まれて整備され、七月は、初め〈秋水〉第一号機の機体を海岸に固縛して地上運転が行われ、七月五日にようやく好調に運転を終了した。さらに入念な整備が行われ、七月七日夕刻、いよいよ飛行試験開始の段取りとなったのである。

〈秋水〉一号機の飛行試験は挫折

記念すべき日本初のロケット機初飛行には、追浜（おっぱま）にある横須賀航空隊の飛行場が選ばれた。

広くない横空飛行場を初飛行の場所に選んだ理由は、エンジン不調などで離陸不可能な場合は海中に飛び込むのがもっとも安全であり、また、離れたほかの飛行場に移すことは空襲に妨げられて時間のうえで損ということであった。

このときの飛行機の状態は、重量二四五〇キロ、重心位置一七・六%、甲液五八〇リットル、乙液一六〇リットルという極力軽荷重として、離陸が容易にできるように配慮された。

昭和二十年七月十六時五十五分、犬塚大尉搭乗のわが国初のロケット飛行機は離陸を開始した。エンジンは好調で約十一秒、三二〇メートルの滑走の後離陸、高度約一〇メートルに達して主脚を投下、橇、尾輪とも引き込まれ、正常の姿勢で上昇、尾部から吐く排気の尾が夕暮の空に消え、ノズルの部分が赤い火の玉のように見えた。

息をのんで見守った関係者一同が歓喜拍手したのも束の間、高度約三五〇メートルのところで不調音が発生、そしてエンジンが停止した。犬塚機は余力上昇でいったん五〇〇メートルあたりまで達し、右に反転滑空しながら飛行場に引き返した。

機体の後下部にある不時放出弁から甲液を放出しながら、滑空で右に右にと旋回して飛行場の着陸コースに入ってきたが、沈下が大きく、民家を越そうとして無理に引き起こしたため失速し、右翼が下がり施設部の建物の屋根に接触し、飛行場の西南にある空地に墜落した。

機体は地面に衝突の際両翼がもぎ取られ、胴体は操縦席直前までつぶれ、重傷を負った犬塚大尉は大破した機体から運び出されたが、翌朝死亡した。

エンジン停止の原因は、甲液タンクの取り出し口が水平飛行時最低部に設けられていたが、上昇角と前方への加速度が大きかったため、半載以下で傾いた液面が予想以上に

墜落大破した〈秋水〉
１号機

離陸直前の〈秋水〉。
万一に備えて、甲液を
中和する水がホースで
まかれている

アメリカ軍に接収された
未完成の〈秋水〉の機体

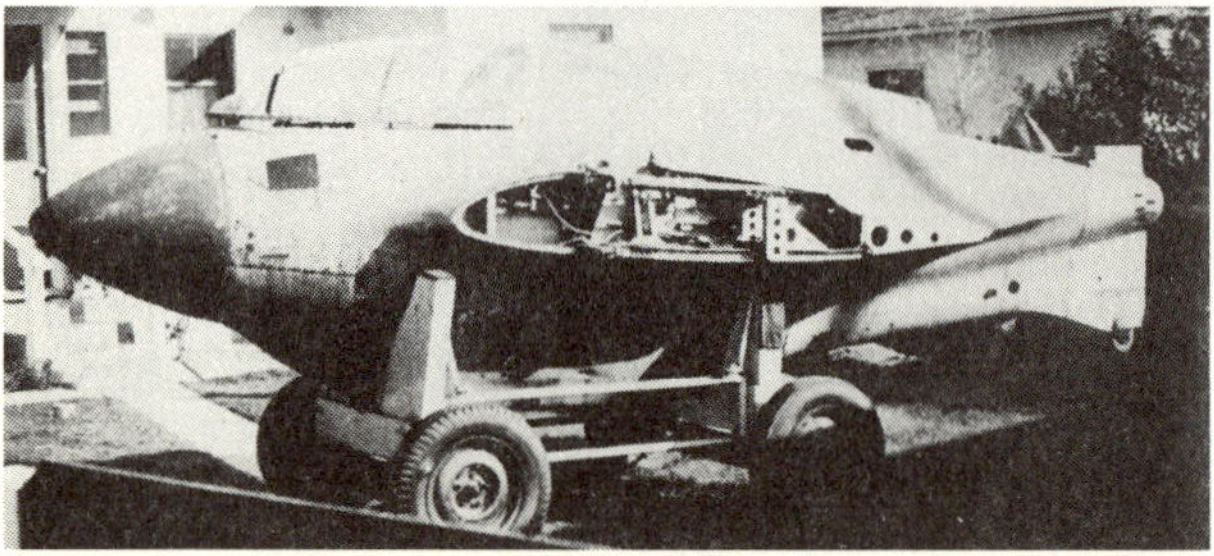

後方に寄り、取り出し口が空中に露出して空気を吸い込んだためと推定された。

このような簡単なことから重大な事故となり、貴重な飛行試験が挫折したことは、悔やんでも悔やみきれない。

〈秋水〉二号機は終戦で未飛行

陸軍の〈秋水〉（第二号機）は、柏飛行場でエンジンの供給を待ち続けたが、飛行試験の準備が完成しないままに終戦を迎えた。

終戦までに完成したのは試作の三機で、次の二機はほとんど完成近いという状態であった。

完成した重要部品は約二十組あったが、ただ急がされた協力工場から、組み立て工場や実験場に納入された部品には、精度、機能の不満足なものが少なくなかった。そのうえ試作、実験、設計変更、生産を併行しなければならなかったため、生産、整備、実用にはかなりの時間が必要ではなかったろうか。

結局、〈秋水〉は本来の目的であったB－29の攻撃に間に合わなかったが、当時の技術水準から見ると、非常に困難であった未経験の事業を、わずか一年でなし遂げたことは、技術上偉業というべきであろう。

海軍ストーリー
初出港後二十時間足らずで沈没の世界最大の空母〈信濃〉

〈大和〉〈武蔵〉に続く三番艦として昭和十五年五月十五日に起工された戦艦〈信濃〉は、ミッドウェー海戦で四隻の空母を失ったことにより、建造途中から空母として設計変更となり、昼夜兼行で突貫工事が進められ、昭和十九年十一月十一日、世界最大の空母として誕生した。すでに東京地区はB－29の爆撃を受けていたので、〈信濃〉は公試運転もそこそこに、残った兵器や機関の一部艤装を呉で整備することになり、乗員のほか工員を乗せて横須賀から呉に回航することになった。十一月二十八日午後三時、横須賀をひそかに出港した〈信濃〉は、浦賀水道を出て南西に針路を採り、護衛には第十七駆逐隊の〈浜風〉〈磯風〉〈雪風〉の三隻を前と左右に従えていた。だが翌日二十九日午前三時二十分、潮岬南方九五海里で米潜水艦〈アーチャーフィッシュ〉に発見されて、魚雷攻撃を受けた。

発射された六本のうち四本が〈信濃〉の右舷中央に命中し、浸入した海水で艦は見るまに傾き、整備中の電気系統がたちまち故障し、手動ポンプの働きも防水扉の工事が完成していなかったので、しだいに傾斜を増大し、被雷七時間後の午前十時三十五分に空母〈信濃〉は転覆沈没した。この史上空前の超大型空母〈信濃〉は、初出港後、海上に浮いていたのはわずか二十時間足らずだった。

蛟龍・海龍

終戦で残った五百隻の水中有翼潜水艦

戦局悪化の中で誕生した〈蛟龍〉

太平洋戦争開戦劈頭、真珠湾攻撃に始まる一連の作戦によって、〈甲標的〉と呼ばれていた小型特殊潜航艇本来の洋上艦隊決戦での奇襲攻撃という用途がなくなった。さらに、敵軍港侵入攻撃作戦も第一次の真珠湾、そして第二次のマダガスカル島ティゴスワレ港、オーストラリアのシドニー特別攻撃隊の結果から、〈甲標的〉だけの侵攻作戦は現地に与える精神的打撃は大きいが、犠牲のわりには効果が少ないことが立証されたので、海軍では〈甲標的〉を局地防御用に転用することになった。

こうして昭和十七年六月のミッドウェー、アリューシャン作戦に、水上機母艦〈千代田〉と〈日進〉が〈甲標的〉を積んで参加したが、ミッドウェー島攻略は日本側の完敗で終わったため、〈甲標的〉はキスカ島に陸揚げされた。同方面に出現する米艦船に対して単独攻撃をかけて帰投し、北太平洋方面にも日本海軍の潜水艦が配置されていることを誇示するためであった。

しかし、その後もついに敵を襲撃する機会に恵まれず、浜辺で土囊(どのう)の掩体(えんたい)に囲まれたままむなしく敵機の好餌(こうじ)となり、同島守備隊の撤退作戦では破壊されて置き去りにされていた。

ことに局地防御用とするには、自己充電装置を持たない不利をカバーするため船体をいくらか伸ばし、小型発電機を載せた乙型と丙型が十七年の秋ごろから建造された。また訓練艇として、後部電池室を教官用操縦室、訓練員待機所とした潜望鏡を二本持つ艇が数隻建造された。

乙、丙型の一部は、十九年の末ごろ母艦によって外地に進出、フィリピン海域やソロモン海域などで敵の水上艦を奇襲し、相当の戦果を上げたが、次々に消耗して海底に姿を消していった。

いっぽう、本来の目的であった母潜に積んで洋上航行艦を襲撃することも再計画され、襲撃後潜航状態の母潜の上甲板に再び収納する実験も行われたが、実戦参加による大型潜水艦の損失、そのほかの情勢にもより、この計画も実戦に使用する機会はなくなった。

特潜自体も操舵機の油圧化、簡易式水中聴音機の装備など、改良を加えられたが、戦局の悪化に伴い、充電能力と機動性の増強が望まれた。そこで大浦崎甲標的部隊の搭乗員黒木博大尉(〈回天〉の創案者、のち〈回天〉試験中殉職)の具体的な献策などもあって丁型が企画された。

これと同時に、これまでの特潜は兵器として艦政本部二部主管であったものが、同四部に主管が移り、一般艦艇と同様の取り扱いを受けることになった。丁型は、これまで一・五トン程度であった水上状態の予備浮力を六トンに増し、艦首の乾舷を高くして凌波性を持たせ、一五〇馬力のディーゼル発電機を搭載、水上航続力一〇〇〇海里を期待し、乗員も五名として二直警戒が可能となった。

排水量も六〇トンに増え、性能試験でも水上速力は九ノット、水中は一六ノットになった。艦橋天蓋は飛行機式に強化ガラスの風防を持ち、機械室は密閉して操縦室から遠隔操作することができた。さらに主機のシリンダーから抽気して、気蓄器に装気するなどの新機構も折り込まれ、のちには反転複推進器を単推進器に改めるなど、工程簡易化の努力も払われた。

昭和二十年の春ごろは戦局がますます悪化をたどったことから、当局は一般の小型艦艇に比べると資材が少なくて建造できる丁型を水際戦闘の主兵力にすることにして、名称も〈蛟龍〉と改めて量産を発令した。終戦時に完成したものは約百十隻で、呉、横須賀工廠はじめ、三菱長崎、同神戸、同横浜、日立、川崎、新潟、播磨など、各造船工場で建造中のものは五百隻に達した。これらは硫黄島、沖縄戦に一部参加したとも伝えられるが、明らかではない。

第2次攻撃隊の〈甲標的〉オーストラリア・シドニーの戦争記念館前に展示されている

キスカ島に残された〈甲標的〉。船体の大きな破口は、自爆用の爆薬で破壊されたもの

〈甲標的〉母艦として完成したものの、活躍する機会がなかった水上機母艦〈千代田〉

高性能の潜高大型潜水艦の建造計画

第二次大戦に使用された潜水艦を振り返ってみると、アメリカは大別して二種、ドイツは四種であったのに対し、日本海軍は十種以上の艦型を建造している。このため、要求性能と建造予定は定着せずにしばしば変更があり、関係者をまごつかせていたずらに建造日数を増大させた。

ようやく昭和十七年七月に、艦政本部内でも艦型を統一する方針が決まり、急造に適し、艦隊決戦には速力によって大型艦の補助をする目的で計画されていた〈呂三五型〉よりやや大型の戊型を標準艦型として、統一型新潜水艦の建造案がまとまりかけた。複雑きわまりない日本海軍の潜水艦整備計画も軌道に乗るかに見えた矢先、同年十月突然、再び艦型の大改訂が行われ、戊型と呂型を中止して高速型潜水艦の〈潜高大型〉三隻が建造されることになった。

原型となった〈呂三五型〉でさえ性能の優秀さが認められ、量産が軌道に乗りかけたところであったが、中途半端な型式であるという理由でまたまた設計変更になったのだから、大戦に入ってからも猫の目のように変わったといわれる日本海軍の潜水艦建造計画中、これも同じ運命をたどったものといえる。

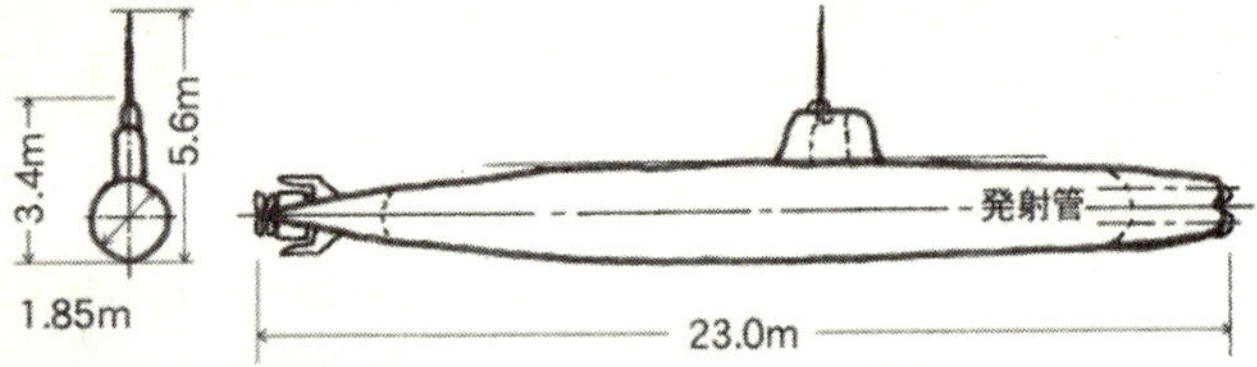

〈甲標的〉特殊潜航艇甲型

甲標的甲型：基準排水量42トン、常備排水量44～46トン。全長23.00m、直径1.85m速力19.0～25.0ノット（水中）、航続力25.0ノットで50分、6.0ノットで14時間、安全潜航深度100m、45cm魚雷×２、乗員２名

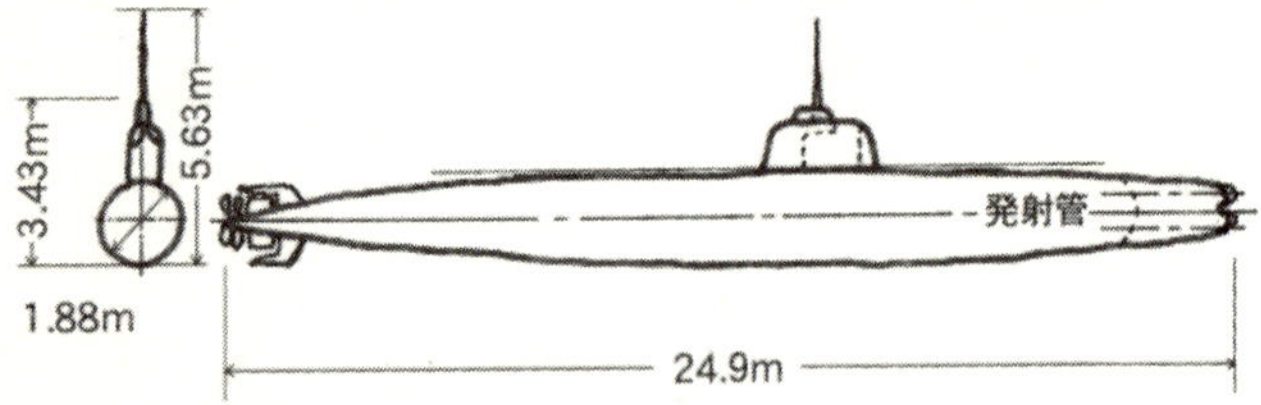

〈甲標的〉特殊潜航艇乙型／丙型

甲標的乙型：基準排水量48.0トン、常備排水量50トン。全長24.90m、直径1.88m速力6.5ノット（水上）、18.5ノット（水中）、航続力水上6.0ノットで300マイル、水中18.5ノットで50分、または4.0ノットで30時間、安全潜航深度100m、45cm魚雷×２、乗員３名

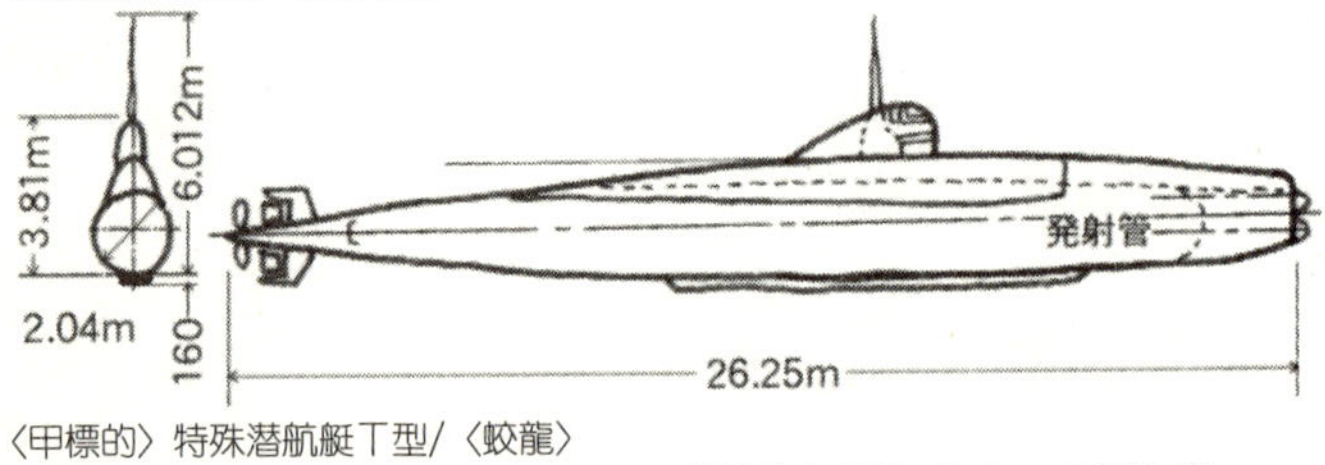

〈甲標的〉特殊潜航艇丁型/〈蛟龍〉

甲標的丁型「蛟龍」：基準排水量53トン、常備排水量60.0トン。全長26.25m、直径2.04m深さ2.65m、速力8.0ノット（水上）、16.0ノット（水中）、航続力水上8.0ノットで1000マイル、水中16.0ノットで50分、または2.5ノットで50時間、安全潜航深度100m、45cm魚雷×２、乗員５名

〈潜高大型〉は当時世界最初の新型艦である。在来型の潜水艦では水中運動力が劣弱なため、潜航中に敵を発見しても、その敵がほとんどこちらに向かってくるような態勢でなければ攻撃の機会がなく、方位角が大きければ、浮上して水上優速をもって敵の前方に回り込み潜航して敵を待つものであった。ところが、連合軍側のレーダーの発達によって水上躍進が不可能になったので、潜高大型は水中高速と大航続力を利用して、潜航のまま射点占位運動を行うのが目的であった。

間に合わなかった強襲型の最新高速潜〈伊二〇一型〉

つまり、みずから姿を隠し敵をだまして襲撃するといった消極的な従来型の潜水艦でなく、〈潜高大型〉は、こちらから積極的な攻撃をかけられるという強襲型の高速潜水艦で、基本計画は有馬正雄技術中佐が担当し、艦体各部に高速に対する配慮が払われた。軍令部からの要求は水中速力二五ノットであったが、二五ノットは技術的には無理であり、一時間放電率での速力を二〇ノット、排水量は約一〇〇〇トンとなった。

電池は、〈甲標的〉用の特D型二千八十八個を搭載した。この蓄電池はミカン箱ぐらいの大きさで、四V、一時間率五四〇〇アンペア、寿命約一〇〇〇サイクルの高性能電池であったが、二千個以上という数が数だけに保守整備にたいへんな労力を要した。この電

終戦後米軍に接収され、解体される直前の呉工廠での〈蛟龍〉

力により一二五〇馬力電動機二基、一五〇〇馬力ディーゼル一基を介して水上速力は一六ノット、航続距離約九六〇〇キロ、急速潜航時間は三十秒の潜水艦が誕生した。また、水中抵抗を極力減らすためには外被面積を縮めるため、この大きさの艦としては珍しい単殻艦となり、ドイツから導入した技術により、全熔接ブロック方式が初めて利用された。

対空兵装としては、前後甲板上に折り畳み式銃架の二五ミリ単装機銃各一丁を備え、発射管は艦首だけ四本（魚雷十本）、水中聴音機と対空、対水上レーダー各一組と、これもドイツ海軍から資料の提供を受けて製造した水中充電装置（シュノーケル装置）を装備した。

昭和十八年の戦時建造計画によって、〈潜高大型〉は二十三隻が建造されることになり、昭和十九年一月から建造が始められ、同年末に第一艦の〈伊二〇一〉が呉工廠で竣工し、直ちに試運転に入り公試を終えた。ただし、終戦までに完成していたのは〈伊二〇一〉〈伊二〇二〉〈伊二〇三〉の三隻で、工事中のものが三隻であったが、本艦型はついに実戦に参加するに至らなかった。もっと早く海軍側の潜水艦に対する用兵思想が統一されていれば、多数が完成し、太平洋戦争ではもっとも活躍した潜水艦となったと思われる。

〈海龍〉をまねた現在の原子力潜水艦

いっぽう昭和十八年の初め、軍令部第二部員で大本営参謀を兼ねていた浅野大佐は、飛行機の主翼によく似た水中舵、つまり水中翼を持つ一〇〇〇トン級の大型潜水艦の構想を実現しようと努力していた。

この着想の狙いは、水中翼によって生じる揚力により、水上航行状態に予備浮力を持たせることができ、急速潜航に際しては水中翼のフラップの操作によって、艦に急激な下向きの力を発生させ、水中運動が敏速にできることであった。

現在こそ原子力潜水艦はじめ、各国の新型潜水艦はセイルと呼ばれる艦橋構造物の側面に水中翼を持っている型が多くなっているが、当時の艦政本部当局は浅野大佐の案に対し、フラップ操作は操艦上に不安があるとともに、推進抵抗上も不利であり、また特徴といわれる運動性能の向上には翼を用いなくとも、普通の潜横舵方式によって十分達成できるとして賛意をあらわさなかった。

しかし、浅野大佐はこの構想に基づき、〈甲標的〉をその原型として改造し、十九年三月、呉で浅野大佐みずからの操縦のもとに実験を行った。

実験はさまざまな障害により、必ずしも予期の成果を上げなかったが、浅野大佐はこの実験によりさらに自信を得て、局地防御用としてのふたり乗り小型艇〈ＳＳ金物〉を提案した。

発表された性能は従来の潜水艦の思想を一蹴し、飛行機のように軽快に水中を行動し、潜航・浮上も瞬間的に行える局地防衛用の水中攻撃艇であった。

しかも、小型で主機械に自動車用ディーゼル機関を採用したため、短期間に量産ができるという画期的な着想でもあったが、なおも艦政本部当局はその実現不可能を唱え、ついに発案者と技術当局とは完全に対立する情勢となった。

ここで浅野大佐は、艦政当局の手を借りずに試作艇を建造することを決意し、元東芝技師佐藤五郎氏を顧問に、横浜高等工業の海軍委託生徒十数名を率いて、熱海の一旅館に立てこもって設計に没頭するいっぽう、航空技術廠の水槽試験によって成果を確信し、久里浜の海軍工作学校の施設を利用して建造を進め、十九年八月には試作艇一号が竣工、月末から性能実験が行われた。

新案が豊富な水中爆撃機の異名もある〈海龍〉

本艇の主要な設計上の特色の第一は、船体中央部に水平の翼があり、そのフラップによって上下の揚力を生じさせることで、水上航走中は翼と尾部の横舵を上げ舵にとるこ

横須賀工廠内の〈海龍〉

ドイツ海軍の小型潜航艇ビーベル（ロンドン大英戦争博物館）

とにより、瞬間的に予備浮力を変えて潜入力とすることであった。航走中の安定については、航空技術廠の水槽で、全長約一・五メートルの有線遠隔操縦の自走模型による、当時としては画期的な実験を行った。

次に、量産に適するため船体は円筒型の魚雷型にした点で、いわゆる涙滴型ではない。このため船首端は著しくとがっているが、魚雷は艇外装備とするため発射管を持たないので支障はない。魚雷は艇体腹部、側方各舷に二本のレールを取り付け、魚雷をあらかじめ装填した発射管自体をこれに挿入取り付けした。

発射にあたっては、艇内から発射管の維持を解き、ボタンを押すと発射管内の魚雷の後ろに装備された火薬ロケットが発火し、魚雷は前進して着脱式のキャップを突き飛ばして射出、発射管は反作用によりレールを滑って後方に抜け落ち、このとき刃物によりみずから発火電線を切断し、かつ数秒後、発射管の後ろのフタが開いて排気ガスを抜き、管体が浮き上がらないように工夫してあった。

魚雷の艇外装備については、筆者もロンドンとコペンハーゲンの軍事博物館で、ドイツ海軍の小型潜航艇〈ビーベル〉〈ゼーウント〉を見学したが、奇しくも両艇は二本の魚雷を艇外装備していた。ドイツ海軍では、大戦中の日独技術協力の交換品目の中に、真珠湾攻撃の〈甲標的〉や〈酸素魚雷〉を要求していたから、潜水艦と魚雷については日本側よりも遅れていたことは確かであり、このアイデアで両者が一致していたことは

水中有翼潜〈海龍〉

特殊有翼潜航艇「海龍」
常備排水量19.3トン　魚雷装備で23.5トン　全長17.28m直径1.39m　翼幅3.45m　速力6.5～7.5ノット（水上）10.0ノット（水中）航続力　水上5.0ノットで450マイル　水中3.0ノットで12.0時間　安全潜航深度150m　53cm魚雷×2（艇外装備）　乗員2名

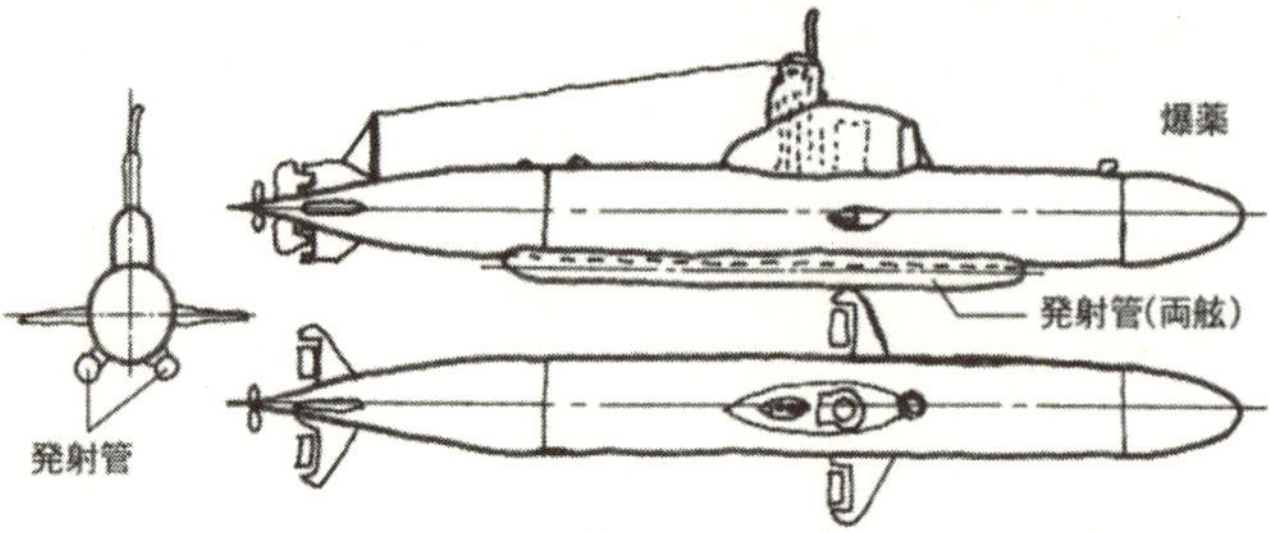

非常におもしろい。

このほかにも、操縦者と艇長だけ二名の乗員で簡単に操艦、攻撃ができるように飛行機〈陸上爆撃機〈銀河〉〉の操縦装置を流用し、縦舵は足踏み、ハンドルを左右に回せば主翼のフラップ、前後に倒せば横舵を操作できるように新しいアイデアが採用されていた。

また、急速潜航にかかる秒時短縮のためにも操作が簡単にされた。まず、主機の燃料を止め、次に第一のレバーを引くと、主機の電動機の間のクラッチが切れて、主機冷却水の出入り口が同時に閉ざされ、第二のレバーを引くと給排気筒が同時に閉じ、次いで操縦ハンドルを前に倒へば俯角がかかるようになっていた。これらのほかにも、各種の新しいアイデアが折り込まれたうえ、物資不足時代の量産に適するため、主機に戦時統制型自動車用八〇〇〇ccディーゼル・エンジン、電動機と電池には電池魚雷用のものが流用できる設計になっていた。

浅野大佐らの努力の結晶が〈海龍〉を生んだ

これらの奇抜なアイデアと新機軸の新水中翼潜航艇は、水中翼によって動揺防止の効果も大きく、水上状態では相当の荒天でも司令塔は海中に没することがなく、また横舵だけの艇に比べて運動が軽快で、フラップ操作により微妙な深度変換が可能であった。

魚雷のロケット発射も機構が著しく簡単であり、さらに操縦装置は廃品とはいえ飛行機の部品であったから、操作が軽くて遊隙も少なく、手離なし航走もできるほど安定がよかった。

しかしその反面、速力、安全潜航深度などは初期の発表値の半分ぐらいしかなく、操作の簡単化を重視したあまり、安全性、信頼性、耐久性に欠けるところがあるなどの欠点も指摘されたが、海軍艦艇のうちでもとくに複雑で、素人が寄り集まってもできるものかといわれた潜水艦を、艦政本部二部系と横須賀工廠、航空技術廠の技術者の陰ながらの協力があったとはいえ、ともかくもこれだけの潜航艇を完成し、一応の成功をおさめたのは浅野大佐らの偉大な努力の結晶であった。

やがて、本艇を兵器として採用するかどうかについて、部内で激しい議論が繰り返されたが、実施部隊側の支持が艦本と軍務局の慎重論を圧倒して、名も〈海龍〉と決定、大量建造の命令が下った。

同時に主務が艦本に移されたが、これまでの行きがかりから艦本当局では責任の転嫁(てんか)を嫌い、積極的な計画変更はほとんど行わなかったという。

横須賀半島の海軍工廠付近の山々には横穴が掘られ、その横穴の中で間近に予想された敵の本土上陸作戦を前に、〈海龍〉建造の突貫作業が終夜続行された。

そして、搭乗の艇員もまた二か月、三か月の修業期間後、油壺、下田、清水など各基地に海龍隊は展開したのであった。

後期の艇は魚雷の生産が間に合わず、頭部の燃料タンクのかわりに、爆装して文字どおり特攻艇となる計画もあった。測的兵器は潜望鏡だけなので、体当たり艇としては速力が不十分であるといわれていたが、戦争の進展の状況によっては特攻艇となる可能性は十分にあった。

終戦時、〈海龍〉は完成二百二十四隻、工事中が二百七隻であった。現在では一隻が海上自衛隊江田島駐屯地に残されている。

海軍ストーリー
万国信号旗と軍艦旗を掲げた仮装巡洋艦の〈報国丸〉と〈愛国丸〉

南米航路用の移民船として、太平洋戦争直前に竣工した一万四〇〇〇トンの〈報国丸〉と〈愛国丸〉は、最高速力二〇ノット、日本とアメリカをノンストップで往復できる航続力を買われてひそかに軍籍に入れられ、商船スタイルのまま船名を消し、一四センチ砲を六門、後甲板には五三センチ魚雷連装発射管二基、偵察用の〈九四式水偵〉一機を持つ仮装巡洋艦となった。乗員二百余名もすべて海軍軍人で、兵器にはシートをかけて積み荷のように見せかけ、開戦直前、南太平洋上に出撃した。

以来、両艦は二隻ペアとなり、敵国軍艦に出会えばニセの煙突を立ててやり過ごし、貨物船、客船を見つけると戦時国際法に定められた海戦法規に従って、前部マストに万国信号旗と軍艦旗を掲げ、高速で追いつき、砲撃または魚雷戦で撃沈して通商破壊戦を行った。

昭和十七年十一月十一日、〈報国丸〉はオーストラリア西方海上で大型武装タンカーと護衛艦と砲撃戦を展開、大火災を起こして沈没した。同時にタンカーと護衛艦も相打ちとなった。

世界無比の人間爆弾・航空特攻

桜花

〈桜花(おうか)〉11型は戦局終盤に実際に使われた

　昭和十九年十月二十五日、フィリピンで神風特別攻撃隊（敷島隊、第三〇一飛行隊、分隊長関行男大尉以下五名）によって、いわゆる特攻攻撃が初めて実施された。この航空特攻は、あらたに同島配備の第一航空艦隊の司令長官になった大西滝治郎中将（終戦時軍令部次長、終戦直後自決した）が、当時の戦況と日本航空戦力から判断して、特攻による攻撃でなければ戦勢の挽回(ばんかい)不能との、固い決意のもとに決行されたものであった。

　しかし、航空特攻の着想は、海軍ではすでにそれ以前に生まれていた。それが特攻機〈桜花〉である。〈桜花〉は一種のグライダーでその機首を爆弾とし、見方を変えれば人間が操縦する爆弾であった。この特攻機を〈一式陸上攻撃機〉の胴体の下につっていき、目標の前方で母機から離脱させ、あとは搭乗員が〈桜花〉を操縦して敵艦に体当たりするもので、文字どおり人間爆弾である。この〈桜花〉は火薬ロケットが三本装備され、敵戦闘機の攻撃を回避しようとするとき、また敵艦に突入する場合の増速(ぞうそく)用に使用され

秘匿名称㊅（まるだい）部品の〈桜花〉の構造図

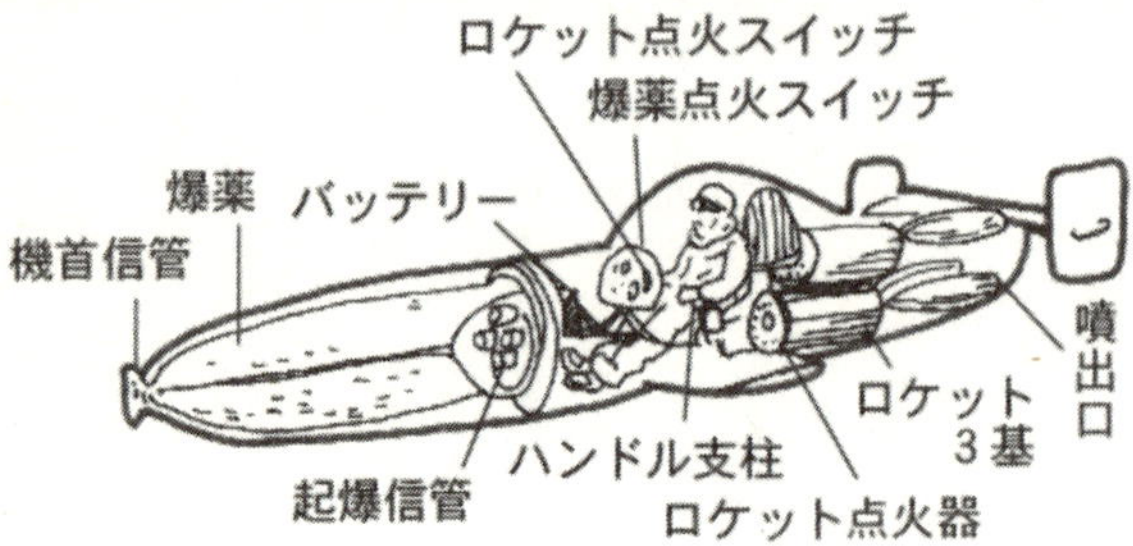

た。

この〈桜花〉が最初の型11型で、〈桜花11型〉は昭和十九年八月、当時海軍第四〇五航空隊の太田光男少尉が、〈一式陸上攻撃機〉の胴体下に超高速の単座小型強力爆弾をつるして、敵艦船から数十キロ離れた上空で発進させ、体当たりして撃沈させる特攻機を上司に提案したのが、事の起こりであった。

この特攻機はその提案者の名前にちなんで㊅部品といわれたが、のちに制式化して〈桜花〉と命名された。初めに設計された〈桜花〉は、〈一式陸上攻撃機〉を母機とするもので、昭和十九年八月十六日海軍航空技術廠（横須賀市追浜）で設計が開始された。主翼は風圧中心の移動が少なく、しかも高速に適する翼断面が選ばれたが、資材不足から消耗品らしく、その構造は木製合板（ごうはん）張りとなった。つまり木製骨格ベニヤ張りである。胴体だけは円型断面で軽合金でつくられ、垂直尾翼は母機胴体との干渉を避けるために左右式となった。

頭部（爆弾）は一二〇〇キロで、胴体後部に地上推進力八〇〇キロの火薬ロケット三個を装備していた。〈桜花11型〉は設計から一か月後の九月にはその第一号機が完成し、ロケットの地上噴射試験が始められた。次いで十月二十三日には〈一式陸上攻撃機〉から無人機の投下試験、さらに十一月、起爆装置試験のための投下試験が行われ、すべて要求性能を満足することが確認された。その後本機は民間工場の協力を得て、大量生産

機首下に着陸用橇を装着した〈桜花〉K型の練習滑空機

母機の１式陸攻に懸吊された〈桜花〉

母機から投下された直後の〈桜花〉

に入った。

着陸用橇の〈桜花〉K型

いっぽうでは〈桜花11型〉の乗員訓練のため頭部を重錘に置き換え、着陸用の主橇、翼端フラップを装備した〈桜花K型〉がつくられた。

〈桜花K型〉は母機離脱時と着陸時の重量を加減するため、水バラストタンクを装備し、水の放出により重量調整を行うようつくられていた。

練習機〈桜花K型〉は、十月三十一日茨城県百里ケ原基地で試験飛行に成功した。奇しくも比島戦線で神風特攻が開始されたのと同時期であった。

すでにそれより前、十月一日には〈桜花11型〉を使用すべき第七二一海軍航空隊が開隊され、茨城県神ノ池基地で〈桜花K型〉による訓練が開始された。司令には岡村基春大佐、飛行隊長には野中五郎少佐が任命された。

ところが〈桜花11型〉は、その母機の〈一式陸攻〉が当時すでに低速で敵戦闘機の好餌であったばかりでなく、〈桜花〉自体に増速用の火薬ロケット以外推進力がなく、敵前約一〇〇〇メートルの至近距離まで母機に懸吊されて接近しなければならないので、敵の迎撃戦闘機によって母機とも撃墜される公算は大きかった。

果たせるかな桜花隊は翌二十年三月二十一日鹿屋基地を発進し、九州南方に来襲した敵機動部隊の攻撃に初参加したが、野中少佐に率いられた「神雷特別攻撃隊」桜花隊の〈一式陸攻〉十八機は、敵前で連合軍機動部隊の艦載機群に捕捉され、全機未帰還の悲運に遭ったのである。

型式をいろいろ変更した〈桜花〉

そこで、母機を高速の陸上爆撃機〈銀河〉に変更し、火薬ロケットのかわりに〈ツ11〉型ジェット発動機を装備するという仮設計が行われ、この型を〈桜花22型〉と呼称し、約五十機が生産された。

〈桜花22型〉は五〇ないし七〇マイルの自力による航続力があったが、〈ツ11〉の調子が悪く、空中投下試験が行われるようになったのは、終戦の三日前の八月十二日であった。このとき母機から離脱直前に補助火薬ロケットが突然噴射したため、〈桜花22型〉は突然前方に滑り出し、尾部をもぎ取られた試験機はたちまち墜落し、テスト・パイロットは殉職した。

〈桜花22型〉の性能に満足できなかった関係者は、エンジンにターボジェット〈ネ20〉型を装備し、頭部炸薬を八〇〇キロに減らし、航続力を22型の二倍以上に増加した〈桜花33型〉（母機を試作実験中の四発遠距離攻撃機〈連山〉に予定した）を計画したが、一機も実現しないで終戦となった。

〈桜花33型〉を潜水艦の射出機で撃ち出すように計画されたのが〈桜花43甲型〉であったが、昭和二十年三月、米軍の本土上陸作戦に備え、急きょ陸上基地からカタパルトで射出する簡単な〈桜花43乙型〉の整備も始められ、三浦半島の武山はじめ海岸に近い岩壁に洞窟が掘られ、本土決戦用の〈桜花〉の秘密基地が設けられた。同時に翼面積を増加し、また地下格納が可能なように折り畳み式とし、そのうえ高速を出すことができるため、離陸後に翼端を飛ばすように考えられた型も計画され、〈桜花43丙型〉と呼称された。

この型は、陸上に設けられたレール上を、〈桜花〉を乗せた台車が、台車に装備した二本の火薬ロケットの推進により滑走し、これによって発進させることを目的として設計されたもので、すでに射出用のカタパルトの資材まで日本は持っていなかったための策であった。

最後に、高速の母機により空中を曳航される〈桜花53型〉が考えられたが、これは構想だけにとどまった。

〈桜花〉は、いろいろ型式を変更したが、実際に使用されたのは〈桜花11型〉で百五十五機が生産された。

座席内に桜の花を積んで出撃を待つ〈桜花〉隊員

洞窟内の〈桜花〉

生還のない自殺機〈桜花〉特攻兵器

桜花は、今流でいえば空対地ロケット弾に操縦士を乗せたようなものである。いったん空中で発射されれば一路敵艦に向って突進し、人間もろとも爆砕するもので、絶対に生還できない完全な自殺機であった。

燃料は片道分、降着装置もパラシュートもなく、途中でエンジンが故障しても機首に爆弾を取り付けているため、着水と同時に自爆か沈没である。連合軍側は、これをBaka Bombと名づけた。まさに一億総玉砕の最先端をいく世界無比の壮烈きわまりない特攻兵器であった。

ジェット推進装置を持つ〈桜花22型〉

桜花各型の側面比較

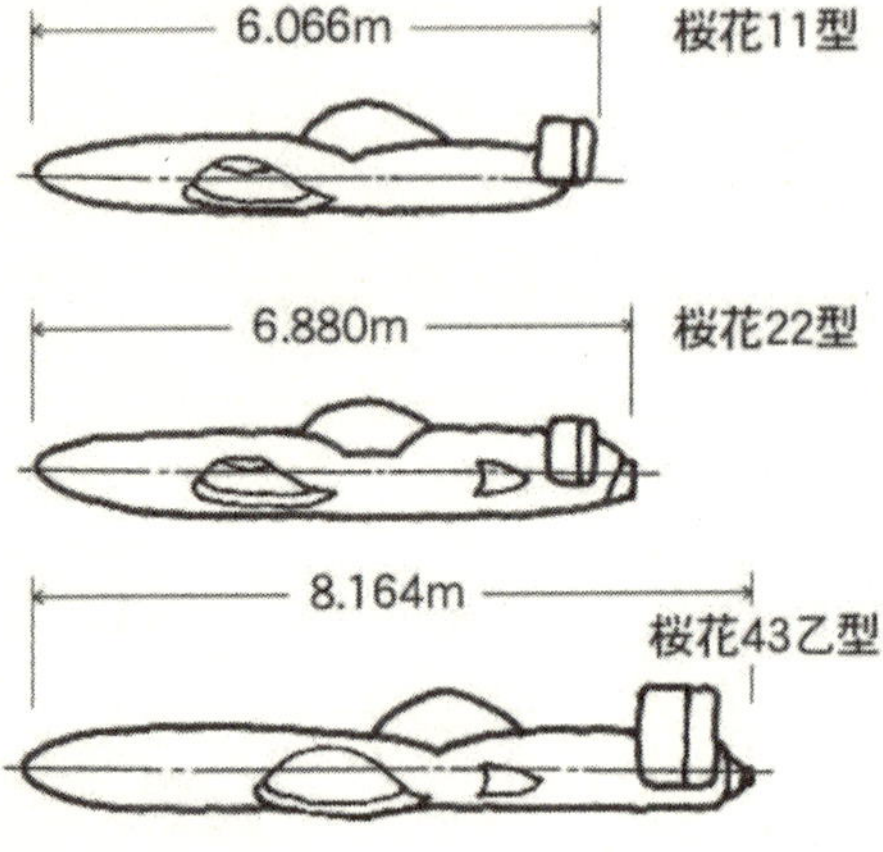

終戦直前に一回飛行のジェット特殊攻撃機

橘花

先覚者の種子島少佐は異端視された

日本でのジェットの歴史は、太平洋戦争開戦の翌年の昭和十七年に、海軍航空技術廠発動機部にロケット、ジェット、ガスタービンなどを研究する第二科が創設されたときから始まった。

この設立を熱心に提唱したのが、同廠発動機部第一工場主任の種子島時休少佐である。種子島少佐は、昭和十三年の秋、スイスでその実習を終えて帰国して以来、廠内に熱心にガスタービンの研究を説き歩いた。彼はガスタービンの着想をスイスで得たわけではなく、噴射推進の夢は、若い技術士官のころから彼の胸中にくすぶっていた。

しかし、たいていの飛躍的なアイディアを生む先覚者の例に漏れず、彼もまた周囲から異端視された。けれどもやむにやまれない彼の行動的な性格は、帰国とともにとうとうセキを切ってあふれ出したのである。

種子島少佐は、まず上司や同僚の冷淡な目つきをものとせず、早速フリーピストンによる燃焼ガス発生機の研究にかかった。時もとき、太平洋戦争に突入したときにカンピーニN1の飛行が報ぜられた。この機を逸せず、彼は上司を説いて噴進研究のグループを拡大し、第二科の創設を見たのである。

イタリアのカプロニ・カンピーニN1は、昭和十五年四月二十七日に初飛行に成功したダクトファンをつけたレシプロエンジンを胴体に内蔵した特殊なジェット機で、カプロニ社のS・カンピーニ技師によって設計された〝プロペラのない飛行機〟であった。日本でもこの年の秋、宮田応礼技師が小さなフリーピストンのガスタービンの実機をつくり上げた。これがわが国のガスタービン機関の最初のものであった。

カンピーニの成功は、世界の航空界はじめ日本にも衝撃を与え、三菱でも早速ラムジェットの研究が開始された。

ガスタービンエンジンの開発研究の努力

この当時、日本にはガスタービンを理解するものも少なく、また研究資料もなかったが、種子島少佐は新進気鋭の協力者二人を得た。排気タービン研究の加藤茂夫大尉とダクト・ファン研究の田丸成雄大尉である。また戦争の始まる前に、在独四年の研究資料を携えて、海軍航空発動機の大御所・熊沢俊一大佐が帰国し、ドイツのハインケルHe1

７８ジェット機の飛行を伝えてからは、種子島グループの意気ごみはさらに激しくなった。昭和十七年暮れの軍令部情報には、アメリカのベルＸＰ59・エアラコメット機の初飛行と、続くロッキードのＸＰ80シューティングスターの開発が、かなり詳細に報じられた。急がねばならない！

種子島グループの加藤、田丸両人は、昭和十八年の初頭についに形のあるものを生み出した。

加藤大尉は遠心型のターボジェットを、田丸大尉はダクト・ファンを設計したのである。前者はＴＲ（タービンロケットの略）と称し、後者は〈初風〉ロケット（後のツ11）と称した。

ＴＲ10型ターボジェットは、遠心式空気圧縮機一段、タービン一段、燃焼器は折り返し式の特殊な構造をしており、計画性能では推力三二〇キロのものであった。

三人のグループは、その後も石川島など民間会社に呼びかけ、また自分たちでも開発に熱中した。タービンの破壊事故もたびたび発生したため、時には命がけの実験もやらなければならなかった。いつ砕けてはね飛ぶかわからないブロワーやタービン翼から身を守るため、エンジンの周囲を土嚢（どのう）で覆い、それを後方の鏡で観測して実験を続けた。

冷淡な陰口の飛ぶ中で、幼稚とはいえひたむきな精進を続けたこの人たちの努力こそ、後年に〈橘花（きっか）〉を飛ばせる原動力となったのである。

日本がドイツから贈られたメッサーシュミットＭｅ262。004Ｂユモジェットエンジンを装備している

昭和15年４月27日に初飛行した「プロペラのない飛行機」カプロニ・カンピーニＮ１

種子島少佐の長年の夢をはぐくんだジェット機〈橘花〉

昭和十九年の秋になって、当時の航空技術廠長和田操中将の決断により、ようやくターボジェット・ネ12の試作が発令された。加藤大尉のタービンロケットはＴＲ10として開発が決定し、別途に三菱、中島と日立、石川島と芝浦、この三民間グループも、それぞれ独自の成案に基づく新機構のエンジンの試作を行うことになり、陸海軍共通の名称として〈ネロ〉の名で実用化が急がれた。

〈ネ12〉のネや〈ネロ〉とは、当時ジェットエンジンにつけられていた燃焼ロケットの頭文字である。

ドイツからのみやげ物で〈ネ20〉開発へ

まさにこの折り、わが国ジェット史上に重要な出来事が起こった。〈松〉便（艦長木梨中佐の〈伊二九潜水艦〉で、ドイツに派遣されていた巌谷英一技術中佐が、フランスのロリアンから遠くアフリカ喜望峰を迂回し、インド洋を経て、〝ヒトラーの贈り物〟つまりユモ004B、BMW003Aのターボジェットとワルター・ロケットとの資料を携えて、帰国したのであった。

中にはたった一枚の断面図の写真だけのものもあるなど不十分ではあったが、干天の慈雨とはこのことで、種子島グループはドイツ最新の技術の粋をむさぼり取った。〈ネ

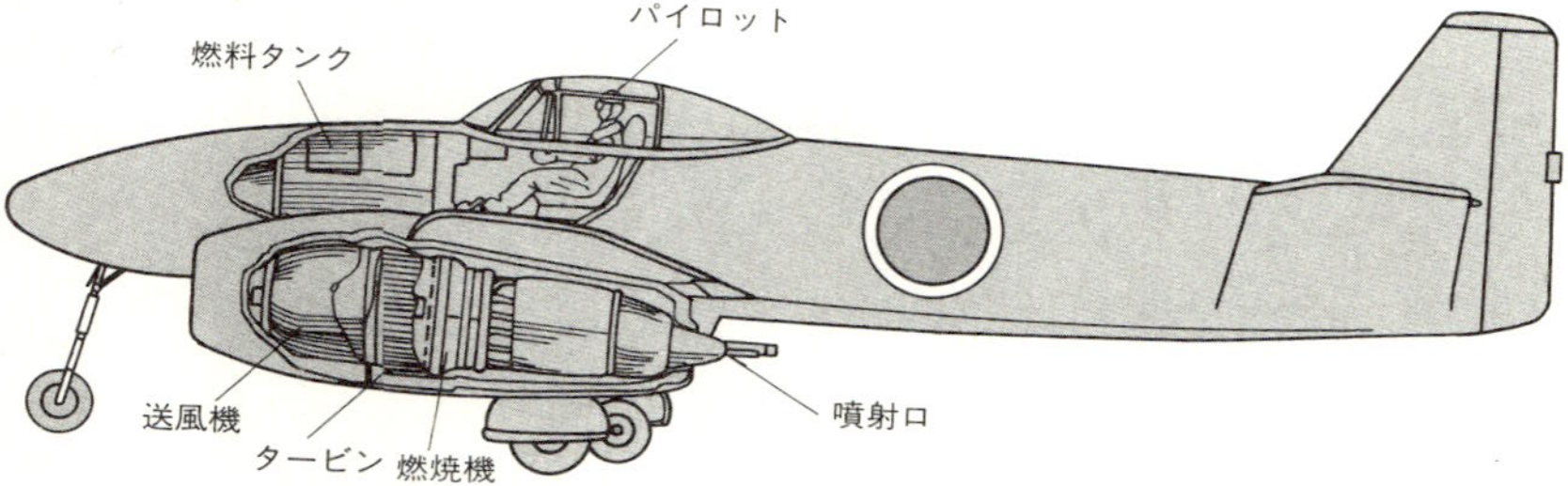

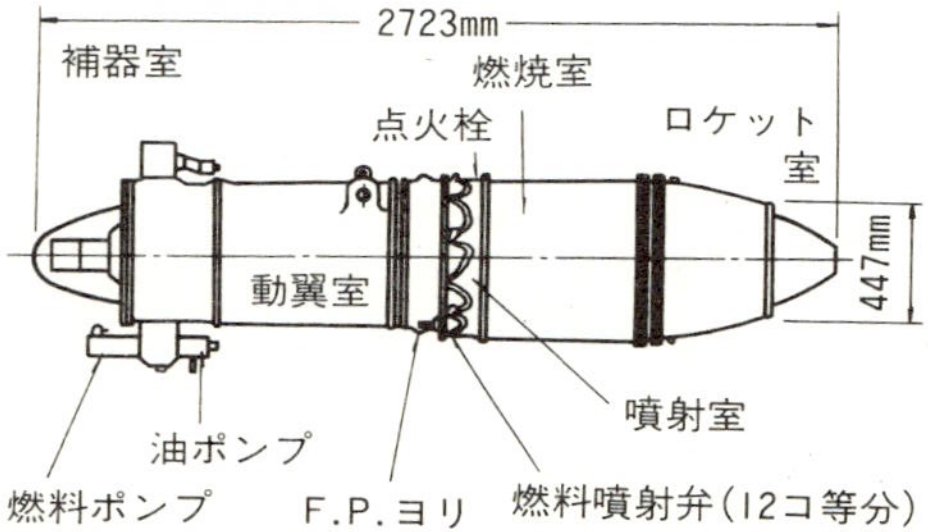

〈ネ20（TR20）型〉ターボジェットの構造図

12〉に苦しめられていたときだけに、ドイツからのジェットエンジンの解釈吟味は急速に行われ、〈ネ12〉にドイツ式の新機構を加え、新ターボジェット〈ネ20〉の計画が立てられたのである。

レイテ海戦で敗北した連合艦隊は、艦隊再編成の力を〈ネ20〉の開発により、新機種を出現させることに決定した。艦隊を失った日本海軍は、残った航空機工場をフルに動かして一機でも多く飛ばすために、すべての工廠を動員して〈ネ20〉の量産を行うことに決定するほど、事態はせっぱ詰まってきた。

ここで、艦政本部と航空本部との間で、二十年三月一日付けで石川雄三少将を部長とする第一海軍航空技術廠噴進部が誕生した。そして、〈ネ20〉装備試作機の試験研究と実用機としての完成は、種子島時休中佐を主任とする噴進部第二科の所掌となった。

国産第一号ジェットエンジン〈ネ20〉

この〈ネ20〉こそ〈橘花〉の原動力となったジェットエンジンであり、全長約三メートル、直径六二〇ミリ、重量四五〇キロ、最大推力は四七五キロを出す記念すべき国産第一号の実用ジェットエンジンであった。

また、これを装備する日本最初のジェット機〈ネ20〉の試作も決まり、要求では「本土接近の敵艦船を体当たり撃沈する翼幅約一〇メートル、メッサーシュミットMe262Aによく似た姿態を持つ低翼、単葉、単座機で、〈ネ20〉型ジェットエンジン二基を装備し、飛行速度は全速で約六五〇キロ、五〇〇ないし八〇〇キロ爆弾、無電機一基を搭載、横穴トンネルに格納可能で、量産に適する攻撃機」というものであった。つまり〈橘花〉は純然たる特攻機であり、戦後一部に伝えられるような局地戦闘機としての能力など、最初から予定されていなかったのである。

しかし、実際には爆弾は投下式につくられ、また局地戦闘機として育つ可能性は大きかった。

〈ネ20〉の試作第一号は、第一海軍航空技術廠内で夜を日に継いでの突貫作業で行われた。そのスピードはまったく驚異的で、四月中旬には早くも全部その加工を終わり、四月下旬に組み立てを終了、五月二日には第一回目の試運転に成功した。

その後、数度にわたって調整運転が繰り返されたが、一日には数回も波状攻撃してくる米海軍艦載機の空襲のため、これらはすべて防空壕内で実施しなければならず、とうとう今後の実験を続けるためには、敵の目標になりやすい技術廠から疎開しなければならなくなり、神奈川県秦野町のタバコ試験所の倉庫内に運転関係資材のすべてを移さなければならなくなった。

こうして国産第一号のジェットエンジンは、タバコ倉庫の中で試運転から調整が行われ、ようやく誕生したのが二十年六月であった。

〈橘花〉は日本独自設計のジェット機

いっぽう〈橘花〉の機体試験は十九年十一月に中島に発令され、松村健一（〈天山〉や〈連山〉の設計者）と大野和男の両技師が設計にあたり、空技廠飛行機部の中口博大尉以下がその審査にあたった。

本機はドイツのメッサーシュミットMe262の日本版のようによくいわれるが、基本構想はMe262に範を取ったにしても、規模も性能も異なっている。

翼は折り畳み式で、構造は極度に簡素化されて、工数は〈零戦〉の半分以下であった。また資材不足に備えて、基準翼と胴体は薄鋼板製であった。

〈橘花〉の木型審査は二十年の三月に終わり、直ちに生産に入った。しかも第一号機ばかりではなく、テスト結果を待たずに二十五機の突貫工事が始められていた。

当時の中島飛行機は、主力の大田、小泉両工場とも、このころの激化した米軍機の空襲によって壊滅してしまっていた。そこで、群馬県下に多数散在していた農家のカイコ棚が徴用され、戸別に分散工場としてこの中で製造が行われた。日本航空史にも記念すべき国産初のジェット機は、こうして農家の納屋の中で産声を上げたのである。

木更津飛行場に引き出される〈橘花〉の珍しい写真

〈ネ20〉ジェットエンジン

第一号機の完成は六月二十九日であった。同機は直ちに木更津に運ばれ、神奈川県秦野の疎開工場からは、でき上がった〈ネ20〉が運ばれて装着された。しかし、これでいきなり飛ぶわけにはいかない。タービン翼や燃焼器、スラスト軸承など、解決を要する問題は山積みしていたから、永野治技術少佐をはじめ種子島、中口の各関係者全員は文字どおり不眠不休で調整にあたった。

最初にできた〈ネ20〉二基が秦野から運ばれて機体に装備されたが、調整中に一基が過熱破壊したため、いったん〈ネ20〉を秦野に持ち帰り、整備し、再び整備完了した二基を木更津に急送したのが七月二十三日朝だった。

木更津到着後の装備作業は急速に行われた。脚ブレーキの能力も不足していたのが関係者の心配の一つだった。〈橘花〉の主脚は新しく製作する暇がなく、〈零戦〉の車輪とブレーキをそのまま〈橘花〉に利用していたのだったから無理もない。そしてこのことが、とうとう〈橘花〉の命取りになった。

主任テスト・パイロットには、名手高岡迪中佐が選ばれ、和田大尉がこれを補佐した。さいわい七月二十七日の地上滑走試験では、首輪の軋みも起こらず、制動不足のほかにほとんど問題はなかった。

日本最初のジェット機〈橘花〉に乗り組む高岡中佐

日本初のジェット機〈橘花〉

第２回目の試験飛行で木更津飛行場の中央を滑走中の〈橘花〉

国産初のジェット機の試飛行に託す希望

昭和二十年八月七日がきた。

この朝、日本最初のターボジェット機関を育てた種子島、永野少佐らは、〈橘花〉を収納した掩体(えんたい)の上に立ち、ピンと翼を張った。スマートな〈橘花〉を見下ろして試飛行の成功を祈った。彼や他の〈橘花〉関係者ばかりではない。

かつては冷笑した高官たちも、そして全海軍が、今やこの〈橘花〉と〈秋水〉局戦の完成に、はかなくも熾(し)烈な必死の希望を託して成功を祈っていたのである。

午前中は準備的な地上滑走を行い、いよいよ午後に種子島、永野ら身も心もこの機にささげきった人たちが、かたずをのんで見つめる前で、高岡中佐は軽々と機を操り、滑走路に機首を立て直した〈橘花〉は、木更津飛行場の滑走路が初めて浴びるジェット噴流の熱気を力強く後方に押しやりながら、約八〇〇メートルの滑走でみごとに離陸し、木更津上空を約十五分間飛行して無事着陸したのである。

この日の〈橘花〉の初飛行は、高度約六〇〇メートル、速度一七〇ノット（三一四キロ／時）、で、一回の場周飛行で終了した。成績は上々で、「キーンという金属音が比較的低く耳に入るだけで、エンジンがはたして動いているのかと思わず計器を見るほど静かだった。振動がほとんど感じられず、グライダーに乗っているような心地さえした」と高岡中佐は述懐している。

第二回目の飛行は八月十日に予定されたが、当日は米機動部隊の空襲にはばまれ、翌十一日の午後に決行された。この日は西よりの五〜六メートルの風の、蒸し暑い曇天であった。その日は三〇〇〇メートルに上昇し速度試験も決行するというので燃料は満載され、離陸推力の不足を補うためのロケット式補助推進装置が〈橘花〉に装着された。

いよいよ出発。ジェットエンジンはおもむろに全開され、次いで補助ロケットに点火された。とたんに機は激しく機首を持ち上げて尾部が地表をたたき、滑走路上を走り出した。補助ロケット推力線の角度と位置があまりよくなかったのである。高岡中佐は一時まったく前方視界を失ったが、ようやく加速して昇降舵がきくようになると機首を下げ、沈着に操縦して直進した。

補助ロケットの噴射時間は八秒、これが二本とも同時に燃え尽きても、なお浮いたように感じられない。いや、それどころか微力ではあるが前にのめりそうな負加速が感じられ、変だ！　と感じた中佐はエンジンの故障発生と判断し、離陸を強行すべきか断念すべきかに迷ったが、後者を決意し間髪を入れずエンジンを切った。目撃者の話では、すでにこのとき車輪はわずかながら地表を離れていたとのことである。高岡中佐の感じた負加速は、いったい何であったろうか。彼ほどの名手のカンに狂いはないはずだから、これは永遠の謎であろう。

滑走路はなお半分余っており、有利な前輪式の脚配置の〈橘花〉であったから、ここでブレーキさえ十分にきいたなら安全に場内に停止でき、早速改修してもう一度本格的な飛行が実現できただろう。

しかし、車輪とブレーキは前述のように〈零戦〉のものの転用で、この重量と速度の機体にはあまりにも能力が不足であった。必死にブレーキを踏む高岡中佐の努力もむなしく、すでにどちらかに回り込むことさえできなく、泥地に腹をこすってようやく停止した。

こうして〈橘花〉第一号機の本格的試飛行は、むなしくついえた。そして、四日後に日本は降伏した。ついに〈橘花〉は再び飛ぶことなく、第一回の飛行だけで占領軍によりアメリカに持ち去られた。なお、終戦時までに完成していた〈橘花〉の機体は二十三機で、ほかに複座化した練習機型が製作途上にあり、三〇ミリ機銃二門で武装した局戦型も計画中であった。

海軍ストーリー
〈せみ〉とあだ名されたリモコン大型模型の〈一式標的機〉

昭和十四年秋、海軍航空本部が開発した無人標的機は、動力にフランス製空冷四気筒三二馬力のエンジンを持つ全幅一〇メートル、全長七メートルという巨大な模型飛行機だった。母機となる〈九四式水偵〉の主翼上のヤグラに搭載され、高度三〇〇〇メートルで母機から離脱すると、母機から無線操縦で空中を飛界し、艦隊砲戦の標的になった。撃墜されないときは空中の母機からのサインで自動的に落下傘が開き、海上に着水後回収されるため、フロートをつけた水上機型になっていた。

無線操縦装置は、シーメンスのオートパイロット装置を改良したもので、これより以前、無人偵察機として実験されていた〈九四式水偵〉用のものが小型化されて搭載され、昇降舵と方向舵がコントロールされた。昭和十七年五月に連合艦隊の対空訓練用に採用され、生産型の〈一式標的機〉に装備されたエンジンは、日本内燃機によって国産化した〈せみ11型〉であった。この二サイクルのエンジンは、独特のカン高い爆発音を持ち、連合艦隊の周囲を飛びまわるようすは、まさに〈せみ〉であった。

パナマ運河爆砕目的の海底空母と特爆

伊四〇〇潜・晴嵐

山本五十六長官の海底機動作戦の構想

昭和十六年十二月太平洋戦争開戦の初日、ハワイ真珠湾の奇襲に成功し、マレー沖では〈プリンス・オブ・ウェールズ〉〈レパレス〉の二大戦艦を含む英極東艦隊を壊滅して、破竹の進撃を続けた連合艦隊だが、一部の識者の間には一抹の不安がまとわりついていた。その不安とは連合軍の反撃であった。膨大な物量と強力な工業力を持つアメリカが、真珠湾の一撃ぐらいで音を上げるとは思われない。洞察力の鋭い山本長官も当然予期していたことである。

初期の作戦が一段落した昭和十七年の初め、今にして手を打たなくてはと、パナマ運河の爆砕の構想が急にクローズ・アップされてきた。パナマ運河は、西のスエズ運河とともに連合軍にとってはかけがえのない要地である。米海軍が、大西洋と太平洋の広大な両面作戦の同時展開を可能にしていたのもパナマ運河のおかげであり、両大洋の兵力を合流し、離合集散をたやすくするルートとしても、パナマ運河の果たす役割は大きか

長駆７万kmの奇襲攻撃を可能にした特型潜水空母〈伊400潜〉は、〈晴嵐〉３機を艦内に収容している

昭和17年９月９日朝、〈伊25潜〉を飛び立ってオレゴン州を爆撃した零式小型水上偵察機

った。

この二大動脈の結合点をつぶすことができるなら、連合艦隊の作戦の進展を大きく転換させることは不可能ではなく、もしパナマ運河が一時的にもせよ使用不能となったならば大西洋側の米海軍は南米を迂回しなければならず、距離にして七〇〇〇キロ以上のむだが出る。近代海戦にこれはなんとしても痛く、次第によっては米海軍の命取りにもなる。

しかし、それだけの要地だけに強力な航空兵力の傘下にあり、同運河の防備が厳重であることは十分予想された。しかし、どんな金城湯池といえども盲点はある。そこを日本海軍は突こうというのであった。

「尋常一様な手段では勝ち目がない」この思想が、用兵の根底をなす山本長官の胸中には、開戦前から秘められていたのであろう。

そして、長官の胸に浮かんだのが、水中空母群を主体とした海底機動作戦の構想であった。

世界でも歴史に残る潜水空母の実用化

潜水艦に飛行機を積む——このだれでも考えつきそうなことを、実際にやってのけたのは、世界広しといえでも日本海軍だけである。〈伊五一潜水艦〉への試験的な搭載に始まり、機雷潜（伊二一型）で実験を重ね、巡潜型の〈伊五潜〉でようやく実用にこぎ着けた。

そして潜水艦への飛行機搭載は、大戦が始まるまでに日本海軍ではもう完全に実用化し、主力の甲型、乙型の潜水艦はすべて飛行機を積んでいた。外国でも英、米、仏などの海軍でもこのような試みはやってはいたが、研究実験の域を出るものではなく、実用化はあきらめていた。

日本海軍だけが、この技術と用法を完成したばかりでなく、実戦で広く活用した。つまり、ハワイ空襲後の戦果確認の偵察とか、北はアラスカから南はニュージーランド、果てはマダガスカル島の偵察までやったし、昭和十七年九月にはアメリカのオレゴン州に、大戦中ただ一回の米本土空襲までをやってのけたのである。

飛行機のほうも、ハインケル型の小型機に始まり複葉の〈九一式〉〈九六式〉から単葉の〈零式小型水偵〉へと発達した。このように、飛行機と潜水艦の有機的な結合に独立独歩の境地を開いていた日本海軍が、さらに一歩を進めて潜水航空母艦の構想を描いたとしても不思議はない。

こうして生まれたのが特型潜水艦（略称潜特）であり、〈十七試特殊攻撃機〉M6A1〈晴嵐（せいらん）〉である。つまり、世界の歴史にもその例を見ない潜水空母とその搭載機であった。

潜特の計画が本決まりとなって、要求が正式に出されたのは緒戦の輝かしい戦果に沸きたつ昭和十七年四月二十七日であった。そして、五月にはもう基本原案が決定するというスピードぶりで、ミッドウェー敗戦直後の艦艇新造計画案の改⑤計画では、この潜水空母が十八隻建造されることが決定した。

おおよその構想は、それまでの小型水偵と違い、強力な兵装と航法能力を持つ本格的な攻撃機を二機積み、十六ノットで三万三〇〇〇海里（十四ノットならば四万海里以上）という破天荒（はてんこう）な大航続力を持つ超大型潜水艦であった。世界のどんな水域にも長駆遠征ができ、隠密裏に搭載機を発進させて、敵側が攻撃を受けようとは夢にも思っていない奥深い要地に奇襲攻撃を加えようというものである。能力の上からいうと、大西洋に出てニューヨークの爆撃ももちろんできた。

自信満々の造艦技術に加えて、空母搭載用の攻撃機にはすでに小型で強力、圧倒的な高性能を誇る艦爆〈彗星〉が出現していた。しかし、この〈彗星〉を潜特に搭載するには、機体の折りたたみ格納や洋上行動の点から得策でないとされ、あらたに潜特専用の特殊攻撃機が開発されることになり、〈彗星〉の生産を行っていた愛知航空機が、これを受け持つことになった。

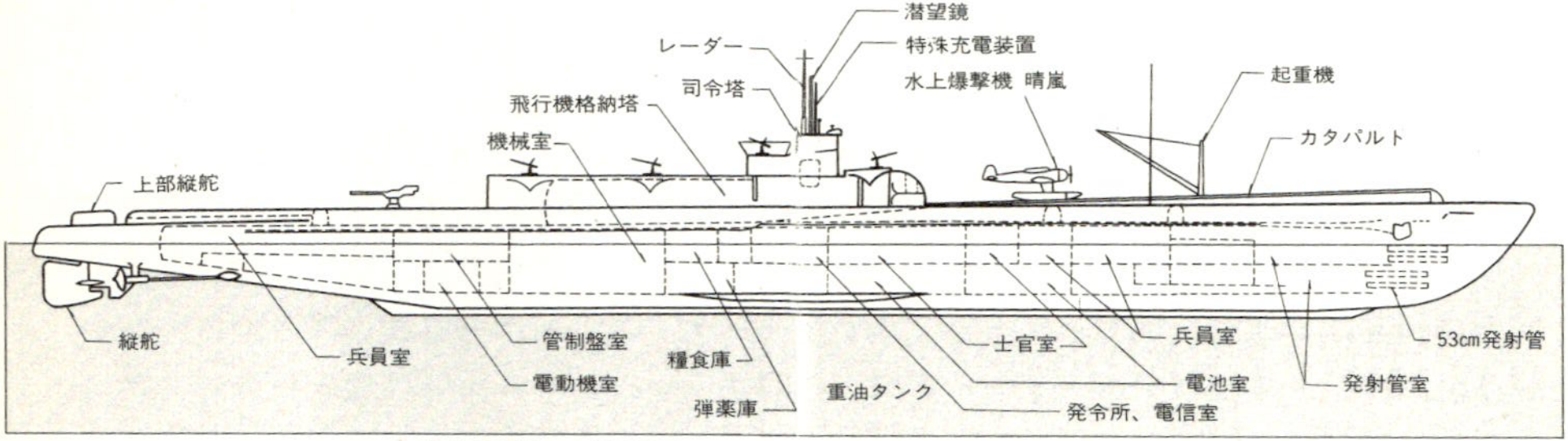

〈伊400潜〉の構造図

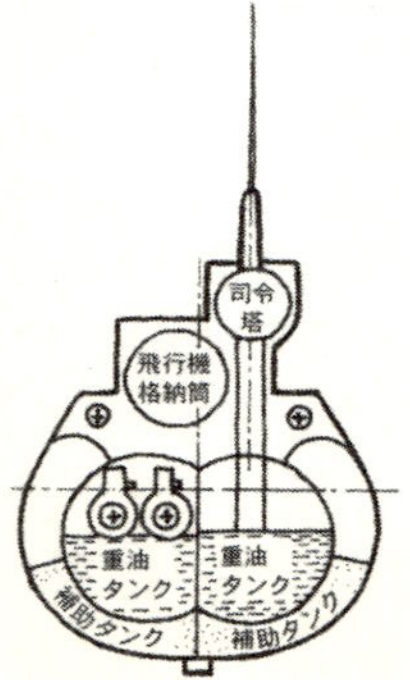

〈伊400潜〉型の縦断面図

特殊潜水艦〈伊400〉〔同型艦〕〈伊401〉〈伊402〉

基準排水量	3,530トン（水上） 6,560トン（水中）
全長	122m
全幅	12m
兵装	14cm砲×1、 25mm機銃×10 53cm魚雷発射管8門 魚雷数24基 カタパルト1基 攻撃機3機
速力	18.7ノット（水上） 6.5ノット（水中）

巨潜〈伊四〇〇潜〉は現在のポラリス潜に匹敵する

潜特〈伊四〇〇型潜水艦〉は、こうして建造されたが、基準排水量三四〇〇トン、常備排水量約三五〇〇トン、水中では六五〇〇トンという、大型で知られた日本潜水艦でも桁外れの巨艦で、今日のポラリス潜にも匹敵する空前のものとなった。

計画では水上速力は最大約二〇トン、水中で七ノット、航続力は一六ノットで三万海里、つまり世界のどこの水域で作戦してもたっぷり余裕がある性能であった。

しかも水中では三ノットで三十五時間の行動能力があり、本艦にはドイツで発明されたシュノーケル装置が初めて採用され、これで潜航中にも給排気装置だけを海上に出して航行することができるようになり、同時に主機械（ディーゼル）が使え、充電もできることになった。昭和十九年一月、ドイツからシュノーケル装置（当時は特殊充電装置と呼ばれた）の技術資料が送られ、これを早速応用したものであった。

船体も普通の潜水艦の円形断面耐圧船殻を二つ横に並べてつないだメガネ型船殻になり、この上に巨大な円筒型の耐圧格納庫がのり、そのうえにさらに司令塔があった。また、その前に大型の揚収デリックがあり、格納庫から艦首にかけて、これも特別に設計された特八号カタパルト、つまり四式一号射出機が、三度の前上がり傾斜で長く伸びて

〈伊400型〉の飛行機格納。水圧に耐えるための工夫がなされている

〈伊401潜〉の艦首。前方に射出機が伸び攻撃機揚収用デリックは左横に倒されている

搭載機を射出できた。

兵装は格納庫に特殊攻撃機二機の翼部を折り畳んでおさめ、浮上と同時に迅速に翼を展張して発進させるほか、一四センチ砲二門、二五ミリ三連装対空機銃二基を装備した。

しかし、この兵装は第一号艦の〈伊四〇〇潜〉が進水するころには、建艦計画の大幅な変更から潜特の建造隻数が削減されることになり、この隻数不足を補うため、搭載機を一機ふやして三機に変更され、備砲は減らして一門となり、機銃は三連装三基と、単装一基の合計十門に増強された。

ほかにも、潜水艦として艦首に魚雷発射管八基を備え、魚雷二十本を常備するほか航空機用の魚雷四本、八〇〇キロ爆弾三発、二五〇キロ爆弾十二発を積むことになっていた。

潜特の第一号艦〈伊四〇〇潜〉は、昭和十八年一月十八日に戦艦〈大和〉をつくったあとの呉海軍工廠の大ドックで、空母〈葛城〉の後方にキールを据えて起工された。ついで佐世保工廠で〈伊四〇一潜〉と〈伊四〇二潜〉が、川崎重工泉州工場で〈伊四〇三潜〉が起工され、呉では次の〈伊四〇四潜〉も船台のほうで起工された。

しかし、川重の〈伊四〇三潜〉はまもなく工事中止となり、このあと潜特の起工はなく、はじめ十八隻の予定だった潜特も、結局完成したのは三隻にすぎなかった。

これではあまりにも少なすぎ、艦隊編成ができなかったため、建造中の巡潜を潜水空

特殊攻撃機〈晴嵐〉

特殊攻撃機〈晴嵐〉（M６Ａ１）

母に改造して、〈晴嵐〉二機を搭載するようになった。

こうして竣工したのが〈伊一三潜〉〈伊一四潜〉の二隻で、これも排水量三六〇〇トンと甲型潜よりずっと大型となり、同級の〈伊一潜〉〈伊一五潜〉も同じ改造設計で建造中だったが、終戦までには完成に至らなかった。

結局〈伊四〇〇型〉三隻、〈伊一三型〉二隻の計五隻が、日本海軍が実現した世界の歴史に残る潜水空母のすべてである。潜特の性能は、水上速力最大一八・七ノット、水中六・五ノット、航続力は一四ノットで三万七五〇〇海里となったが、実際には四万二〇〇〇海里の能力があった。

潜水空母に搭載の一七試特殊攻撃機〈晴嵐〉

いっぽう搭載機の〈晴嵐〉（M6A1）のほうは、実際に計画されたのは昭和十六年度であったが、年が変わってから要求が出されたため一七試となり、〈彗星〉艦爆よりやや大きく、〈瑞雲〉水偵よりやや小型の複座双浮舟の水上機になった。しかし戦闘行動時に、必要とあれば浮舟を投棄してスマートな高性能機に生まれ変われることと、潜水艦搭載のための各部の折り畳み機構、展張法などに特色があった。

エンジンは水冷のアツタ32型（離昇出力一四〇〇馬力）の単発で、全幅一二・二メートル、全長一〇・六メートル全高四・六メートル、翼面積二七平方メートル、自重三・四トン、総重量四・三トン。どれも〈彗星〉より少しずつ大きくなり、兵装は魚雷一、または八〇〇キロ爆弾一で、急降下爆撃も可能、後席に旋回機銃一基が装備された。

もちろん、このような潜水空母の構想は、敵に察知されれば攻撃効果が減るところから、潜特と同様に〈晴嵐〉の開発も極秘のうちに行われた。飛行機としての〈晴嵐〉の特色は、潜水艦に搭載できるように、可能な限りコンパクトに折り畳みができ、使用時にはきわめて短時間に展張したり組み立てられることにあった。それだけに愛知航空機の主任設計者であった尾崎紀男技師以下、設計陣の大きな苦心が払われた。

主翼は付け根から後桁上面の金具を中心にして、取り付け金具のピンを一本抜きさえすれば、前縁を下方に九〇度回転し、また翼端を後方に九〇度回転して胴体に添ってピタリと畳まれるようになっていた。この折り畳み機構は機内動力ではなく、外部から供給される油圧力によるものであった。

水平尾翼も、胴体中心線から九〇センチのところで下方に折り畳まれ、垂直尾翼も上部を右横に折り畳んだ。垂直尾翼のこの折り畳み部分は、飛行中に浮舟を投棄する場合には、同時にこの部分ももげて投棄され、飛行機全体としての横の安定を適当に保つようになっていた。浮舟は両方とも完全に機体から取り外し、格納庫内の機側に置くような機構であった。

一秒を争う発進時での機体の急速組み立て作業では、浮舟の取り付けにもっとも多くの人員を要したが、訓練の成果によって出撃時には十人がかりで、取り付け完了までに四十五秒、取り外しは二十秒しかかからなくなった。主翼と尾翼関係の作業には四人があたり、主翼展張には五十七秒、尾翼展張には一分二秒を要した。逆に折り畳むほうでは、油圧の関係からかなりの時間がかかり、まず止めピン抜きに二十五秒、主翼を完全に折り畳むまでに五分十秒、尾翼には二分二十秒の時間を要したという。

これらの折り畳みや展張には、暗夜の海上でも容易に迅速な作業ができるよう綿密な工夫がなされていて、取り付け金具やピンなどには夜光塗料が塗られていた。

なお、完全に折り畳んだ時の機体の寸法は、幅が二・三メートル、高さが二・九メートルになり、格納筒に収められた。この〈晴嵐〉の浮舟をなくし、垂直尾翼の上部も取り去って、かわりに車輪つきの引き込み脚を装備して陸上機とした型を〈南山〉という。正式の名称は試製〈晴嵐改〉といったが、これは浮舟を投棄したあとの〈晴嵐〉の飛行特性を調べ、搭乗員の慣熟の目的で製作されたものであったが、わずか一機つくられただけであった。

不利な戦局で海底特攻の機動部隊編成を急いだ

戦局は、昭和十九年に入るとますます日本に不利となり、資材は極度に不足したが、関係者の昼夜にわたる苦心と努力が実って、第一艦である〈伊四〇〇潜〉は昭和二十年二月十三日に完成した。約三か月遅れて起工した〈伊四〇一潜〉のほうが一足先に竣工していた。戦局挽回(ばんかい)作戦を急いだ軍令部は、昭和十九年十二月十六日に引き渡しを終わった〈伊一三潜〉とともに、これらの新造艦で第一潜水隊を編成した。時に昭和二十年二月十一日。紀元節の佳(よ)き日であった。〈伊四〇〇潜〉は、これに十二日遅れて編入され、次いで三月十四日〈伊一四潜〉が加わった。

ここに〈伊四〇〇潜〉型二隻、〈伊一三潜〉型二隻、計四隻から編成された水中空母群が勢ぞろいし、潜水艦乗りの猛者(もさ)といわれた有泉龍之助大佐が司令として着任した。有泉司令は自分の龍之助の頭文字を取り、出撃にあたって「神龍特別攻撃隊」と命名するよう艦隊司令部に要請(ようせい)して裁下を得た。有泉司令はこのときすでに心中深く決する何かがあったようである。

潜水艦長には、いずれも歴戦の勇士が乗り組んだ。〈伊四〇〇潜〉は日下(くさか)敏夫中佐、〈伊四〇一潜〉は南部伸清少佐、〈伊一三潜〉は清水鶴三中佐で、〈伊一四潜〉は大橋勝夫中佐、司令旗はいちばん若い南部艦長の指揮する〈伊四〇一潜〉に掲げられた。

いっぽう、潜水艦に搭載する水上攻撃機〈晴嵐〉を装備した第七〇三航空隊が誕生したのは昭和十九年十二月十五日で、鹿島で編成されたあと呉に移り、潜水艦の第一線部隊である第六艦隊の指揮下に入り、ここで飛行訓練に励み、昭和二十年三月には屋代島に移り、四月に入ると昭和十九年の末に竣工した〈伊四〇〇潜〉の練度も進んで、航空隊は徳山基地に移動し潜特との連合訓練に入った。

体当たり特攻計画と訓練が進められた

こうして潜水空母四隻〈晴嵐〉十機の史上例を見ない特殊奇襲部隊ができ上がったが、〈伊四〇二潜水艦〉だけは、完成したあとも呉で整備工事に手間取り、とうとう終戦まで第一線に参加できなかった。

この部隊の攻撃目標として取り上げられたのは、初期の目的でもあるパナマ運河であった。当時、ヨーロッパで連合軍と戦っていたドイツは断末魔の状態にあり、この方面の戦火の終えんは時間の問題と見られた。そうなれば大西洋にいる連合軍海上兵力の太平洋への移動が考えられ、太平洋側の日本海軍の苦境は増すことになる。これを防ぐには、パナマ運河を一時的にもせよ機能を失わせるほかにないと考えられたのであった。

〈晴嵐〉のテスト用につくられた陸上機の〈南山〉。垂直尾翼の上部を切りとっている

〈伊401潜〉の全姿

周知のように、大西洋岸から水位の高いガツン湖を経て太平洋岸に通じるパナマ運河は、途中に数個の閘門（ロック）を設けて水位を変え、通過する船舶をエスカレートさせている。この閘門を〈晴嵐〉により爆弾、または魚雷で攻撃して破壊することを狙った作戦計画であった。

出撃する攻撃機も、片道燃料で体当たり攻撃を敢行することになり、特攻計画と訓練が進められた。潜航状態から浮上し、三機の攻撃機を格納筒から引き出して組み立てを終え、発進するまで十分程度に縮めることは可能であったが、収容となるとどんなに急いでも三十分はかかる。また、三機同時に帰投することはありえないし、帰投する攻撃機には、敵機が食い下がってくるであろうことは容易に想像できた。

それよりも、一〇〇％作戦目的を達するためには、攻撃機全機による体当たり攻撃のほかに手段はなかった。もとより搭乗員は、初めからその覚悟で、みずからこの作戦を志願したものばかりであったから、発進と同時に浮舟は海中に投棄し、二度と母艦の横に着水するつもりはなかった。神風特攻機や人間魚雷〈回天〉に続こうとする殉国の精神が若き血潮にみなぎっていた。ところが、思いがけないことから作戦計画を変更しなければならなくなった。

〈伊402潜〉

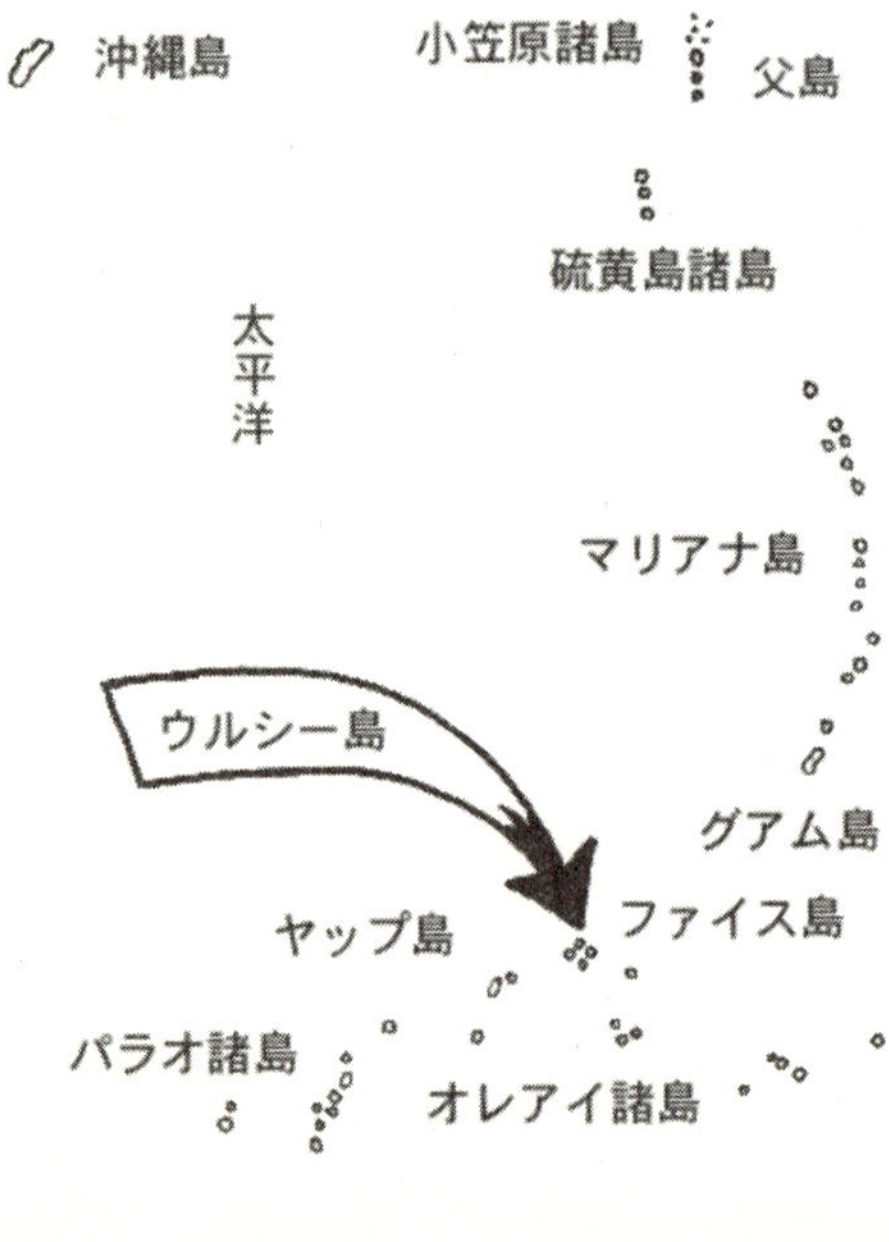

敵機動部隊の基地となっていたウルシー環礁周辺。奇襲攻撃の目標とされた

作戦計画の変更を余儀なくされた

その一つは、画期的な性能を要望されていた〈晴嵐〉の生産が、遅々としてはかどらなかったことである。おまけに、美濃地方を襲った大地震のため名古屋にあった〈晴嵐〉の製作所愛知航空機は致命的な被害を被り、さらにその後も、相次ぐ空襲のためすっかり生産工程が狂い、事実上生産はストップしてしまった。

そのうえ、アツタ・エンジンの不調から連日のように事故が続出し、一時は作戦が危ぶまれたほどであった。なにしろ、八〇〇キロ爆弾をかかえた攻撃機を、わずか二六メートルのカタパルトから射ち出さなければならず、しかも、潜水艦の甲板はあまりにも低かった。カタパルトから射出されると、身軽な偵察機でさえ射出後はフワリと落ちた。大型で重量のある〈晴嵐〉の場合は海面すれすれであった。一歩誤れば海中に突っ込んでしまうという危険な訓練の連続では、生き残りの搭乗員からよりすぐった搭乗員とはいえ飛行時間も少なく、機体の不調と乗員の練度不足は大きく、救国の一念に燃える若い搭乗員は、実戦さながらの猛訓練に精魂を打ち込んだが、限られた短期間に技量の向上は望むべくもなかった。

第二は燃料で、当時呉軍港に残っていた重油はわずか二〇〇〇トンにすぎなかった。

〈伊四〇〇潜〉型一隻でさえも一六〇〇トン以上の重油を必要としたから、とうてい四隻の潜水艦の給油を賄うことはできなかった。

しかし、まもなく五月にドイツが壊滅し、連合軍兵力の太平洋回航は必至と見られながら、練度の点で多分の不安はあったが有泉司令はついに断乎として出撃の決意を固めた。時に昭和二十年も六月半ばであった。

攻撃目標をウルシー奇襲攻撃に変更

だが時すでに遅く、パナマ運河まではどんなに急いでも一か月はかかった。作戦に慎重を期せばさらに日数は増える。その間に本土決戦が起こらないとは断言できない最悪の事態に入ってきた。やむをえず水中空母群主体の史上きわめて重大な奇襲作戦は、全面的に変更する必要に迫られた。

そこで、B－29の日本本土への無慈悲な無差別爆撃に対し、せめてもの一矢を報いようとして、米太平洋岸のサンフランシスコやロサンゼルスに対する奇襲攻撃も計画されたが、戦況は日に日に絶望的となり、このような乾坤一擲(けんこんいってき)の冒険的な心理作戦よりも、さしあたっては本土の近海を暴れまわる敵機動部隊の基地であるウルシー環礁(かんしょう)を狙い、敵空母艦隊を奇襲して、損害を与えることのほうが重要で実利的と考えられた。ここに、ウルシー奇襲攻撃が計画されたのである。

しかし、この作戦を実施するについてさえも、内地にはもう燃料のストックが底を尽き、呉の全部の重油タンクを空にしても潜特一隻分の残量しかないありさまだった。そこで〈伊四〇〇潜〉は、航空機雷の無数にばらまかれた内海の危険を犯して大連まで行き、そこで燃料を補給してきた。

さらに、ここだけは安全地帯と考えられていた瀬戸内海西部でも敵側がこの特殊部隊に感づき、攻撃を反復してくるのを避けるため、第一潜水隊は根拠地を日本海に面した石川県の七尾湾に移して出撃を待った。

作戦の発動は、まず〈伊一三潜〉と〈伊一四潜〉の両潜水艦に、〈晴嵐〉のかわりに分解した高速偵察機〈彩雲〉を各二機ずつ搭載させ、トラックに輸送してここからウルシーの強行偵察を行わせることから始まった。

まず〈伊一三潜〉〈伊一四潜〉が先陣をきり、昭和二十年七月二日、舞鶴（まいづる）を出撃した。飛行機格納筒には〈晴嵐〉のかわりに〈彩雲〉が二機ずつおさめられていた。

〈伊一四潜〉は、いったん大湊に入港したのち七月十七日、トラック島に向けて出撃、予定どおり八月四日にトラック島に入港して、虎の子の〈彩雲〉を無事陸揚げできたが、大橋中佐の指揮する〈伊一三潜〉は、七月十一日の出港以来消息を絶った。

戦後、米軍側の記録によると七月十六日、護衛空母アンツィオ号所属の哨戒機と駆逐

終戦後横須賀軍港でアメリカ軍の管理下におかれた日本海軍の海底空母陣。右から〈伊１4潜〉〈伊401潜〉〈伊400潜〉

艦上に降伏を示す「黒旗」をかかげて東京湾を横須賀に向かう特潜型の〈伊400潜〉

艦による攻撃を受け、飛行機もろとも撃沈されたと記録されている。

本隊の〈伊四〇〇潜〉と〈伊四〇一潜〉に積まれた〈晴嵐〉六機の奇襲部隊は昭和二十年七月二十二日夕方、大湊からウルシー目ざして出撃した。攻撃決行は八月十七日と予定されていた。両艦とも、八月十四日には所定の地点ポナペ島の南方海面に到達し、そこで最後の打ち合わせを済ませてから、発進点に予定されているウルシー南方二〇〇海里に達するように行動し、八月十七日早朝、または状況により薄暮の攻撃と予定された。予定日の八月十四日、〈伊四〇一潜〉は会合点に達し、一日遅れて出撃してくる〈伊四〇〇潜〉を待ったが、〈伊四〇〇潜〉の姿を見出すことはできなかった。すでに数時間が経過していたが、〈伊四〇一潜〉は日没後浮上、一晩中〈伊四〇〇潜〉の到着を待ち続けた。

〈伊一三潜〉に続いて〈伊四〇〇潜〉までも……有泉司令は唇をかみしめ、断腸の思いで〈伊四〇〇潜〉を待ち続けたが、そのころ〈伊四〇〇潜〉は、度重なる敵の制圧のため予定がだいぶ遅れていた。しかし、無線封止下の奇襲作戦行動中にあっては連絡の取りようもなかったのである。

やがて、東の空が白み始めてきた。いつ敵機があらわれるかわからず、〈伊四〇一潜〉は断ちがたい未練を残して再び水面下に身をひそめようとしたとき、艦隊司令部からの作戦緊急指令がキャッチされた。「X日を八月二十五日に変更する」X日とは攻撃をかける日であった。たぶん〈伊一三潜〉の〈彩雲〉による偵察と、ハルゼーの率いる機動部隊の行動から判断して二十五日まではウルシー泊地には敵はいない、と司令部では判断の上変更したのであろう。とすると敵はまもなく帰るはずである。むしろ、絶好のチャンスが近く訪れるとみてまちがいない。

「自沈か攻撃か」ついに一度も実戦に用いられなかった

出撃日が延期されたというものの、すでに死も覚悟している〈晴嵐〉搭乗員にとってはその日が延びるだけであり、かえってつらい日が増えるだけであった。〈伊四〇一潜〉の南部艦長はその日一日中ゆっくり乗員の休養を図った。このわずか一日の間に事態が急転直下しようとは、神ならぬ身の知るよしもなかった。

あくる日は八月十六日。〈伊四〇一潜〉は思いがけない出来事を知った。海軍総隊指揮官からの発令で「即時戦闘行動を停止すべし」の日本の無条件降伏の報である。十五日は一日中潜航していたため、この日、日本がポツダム宣言を受諾したことを知らなかったのだ。

「自沈か、攻撃か」——艦内は両論に分かれた。襲撃寸前に、しかも外洋にあって無条件降伏を知った艦内乗員二百三名の動揺は覆うべくもなかった。だが、第六艦隊司令部からの帰投命令は下っている、有泉司令の決断によって、〈伊四〇一潜〉は大命に従うことに決まった。〈晴嵐〉と魚雷を海中に投棄して祖国に向かう途中の八月二十八日、神龍特攻隊は一つの黒影を前方に認めた。米潜水艦〈セグンド〉であった。相手もレーダーでこちらを捕えているだろう。もはや、ジタバタしてもしかたがなかった。

〝SURRENDER（降伏せよ）〟

米潜水艦からスルスルと信号が上がった。

だが、投降するくらいなら自沈をと有泉司令の決意は固かった。米潜側はこの決意に屈した。ともかくも日本まで同行をというわけである。位置は金華山（きんかざん）沖合いだった。やがて八月二十九日の未明、祖国沿岸を米艦とともに行動し、房総の山々が墨絵のように浮かんできたとき、有泉司令は艦内で覚悟の自決を遂げた。艦長あての遺書に基づいて、遺骸は水葬にふされることになった。夜はすっかり明け、母港横須賀は目前であった。

こうして空前絶後のこの奇襲兵器は、ついにただの一度も実戦に用いられることなく、永久にその勇姿を消していったのである。

あとがき

世界の三大海軍国として強大な海上兵力と航空部隊を保持していた日本海軍は、早くから新兵器の研究に心を砕いてきた。それだけに世界に例を見ない戦艦〈大和〉をはじめ、〈特殊徹甲弾〉〈酸素魚雷〉など優れた秘密兵器を実用化し、敵必殺の戦力とした。さらにベテランの航空機搭乗員と、〈零式戦闘機〉をはじめとする世界の水準をはるかに抜く各種の航空機による航空兵力が、世界一の実力を十分に持っていたことは、太平洋戦争の初期の戦闘ぶりで如実にそれが証明されている。

しかし、これらの兵器をもってしても日本は戦争に敗れ、多くの開発兵器は海没し、また占領軍の手によってその姿を消した。

これらの兵器の開発に心血を注いだ関係者の熱意と技術は戦後も生き残り、形をかえて世界一といわれる日本工業技術の母体となっている。

とくに戦争末期、極限状態に追い込まれ、心ならずも特攻兵器が数多くつくられたが、これだけの兵器が日本で開発されていた事実だけは永久に記録して残しておきたく、本書をつづったしだいである。

筆者

本書は一九九四年『日本海軍の秘密兵器』のタイトルで株式会社銀河出版から出版された作品を文庫化したものです。

〈写真提供〉小橋良夫

日本の秘密兵器 海軍篇

小橋 良夫

学研M文庫

平成14年　2002年8月19日　初版発行

編集人—— 忍足恵一

発行人—— 小池徹郎

発行所—— 株式会社学習研究社

東京都大田区上池台4-40-5 〒145-8502

印刷・製本— 中央精版印刷株式会社

★ご購入・ご注文は、お近くの書店へお願いいたします。

★この本に関するお問い合わせは次のところへ。

編集内容に関することは — 編集部直通 03-5434-1456

• 在庫・不良品（乱丁・落丁等）に関することは —
出版営業部 03-3726-8188

• それ以外のこの本に関することは —
学研お客様センター 学研M文庫係へ
文書は、〒146-8502 東京都大田区仲池上1-17-15
電話は、03-3726-8124

落丁・乱丁本はお取り替えいたします。

定価はカバーに明記してあります。

こ-6-2　ISBN4-05-901143-6